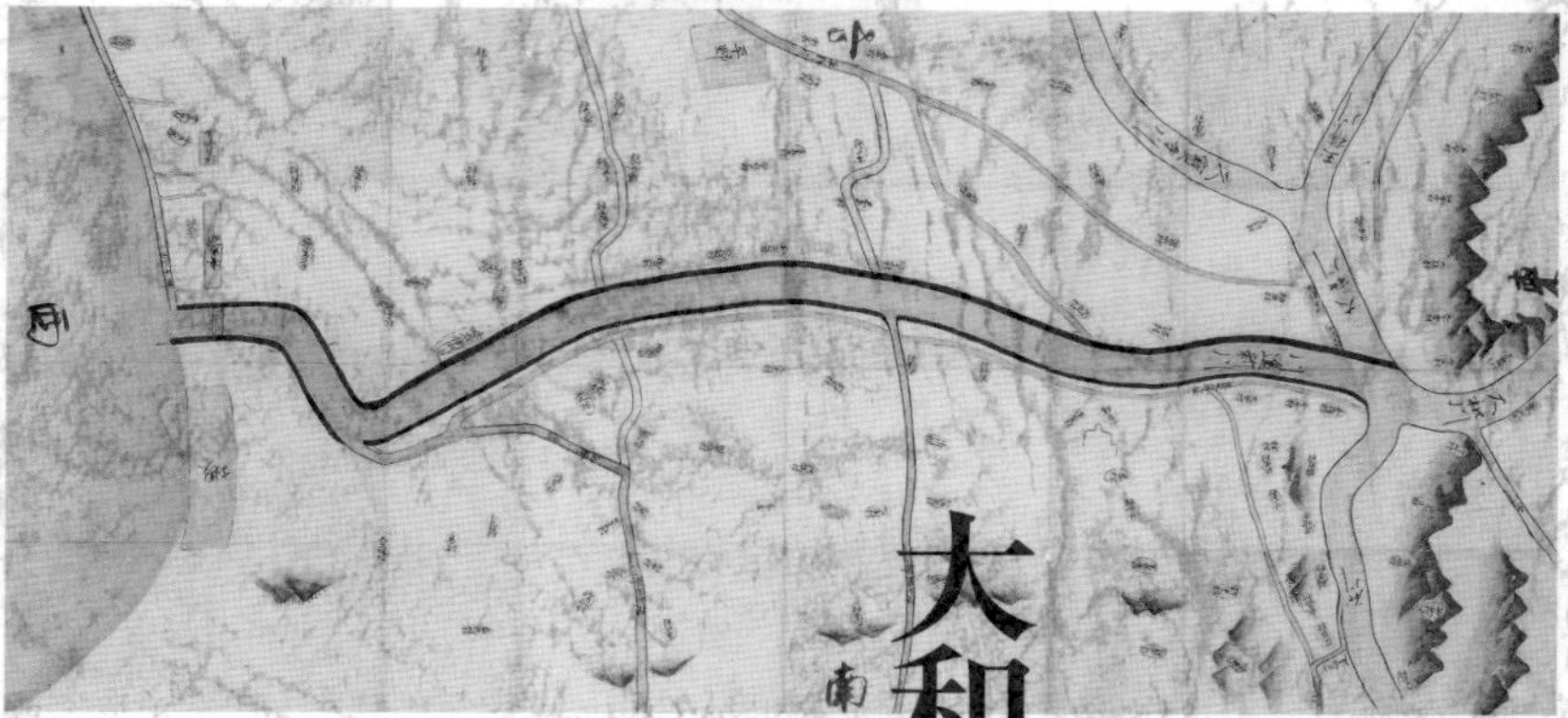

# 大和川付け替え三〇〇年

## その歴史と意義を考える

大和川水系ミュージアムネットワーク編

雄山閣

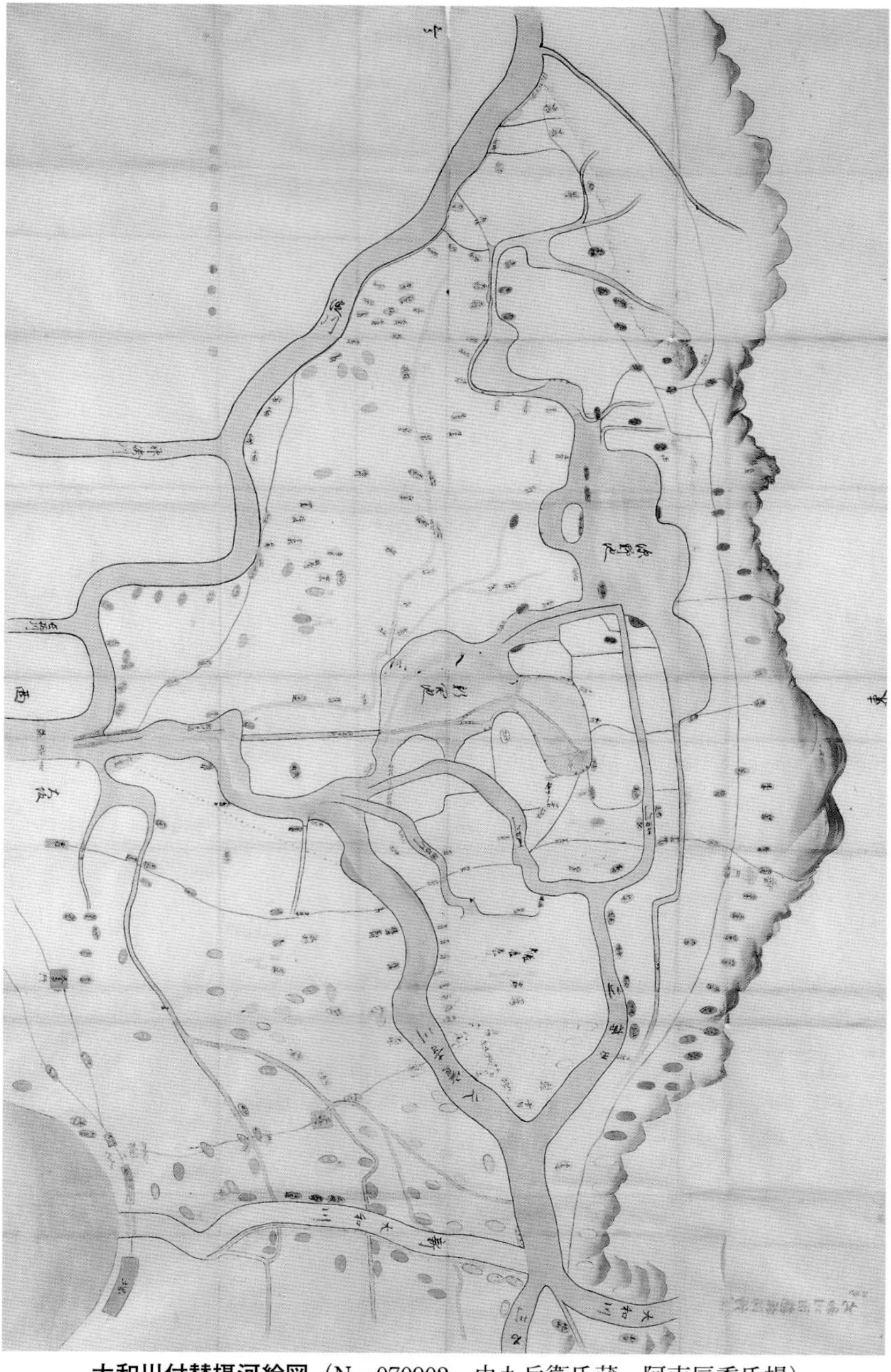

**大和川付替摂河絵図**（N－070902、中九兵衛氏蔵、阿南辰秀氏撮）
付け替え前の大和川の流れを中心に摂津・河内が描かれ、そこに新川の予定地を描き込んだ絵図。

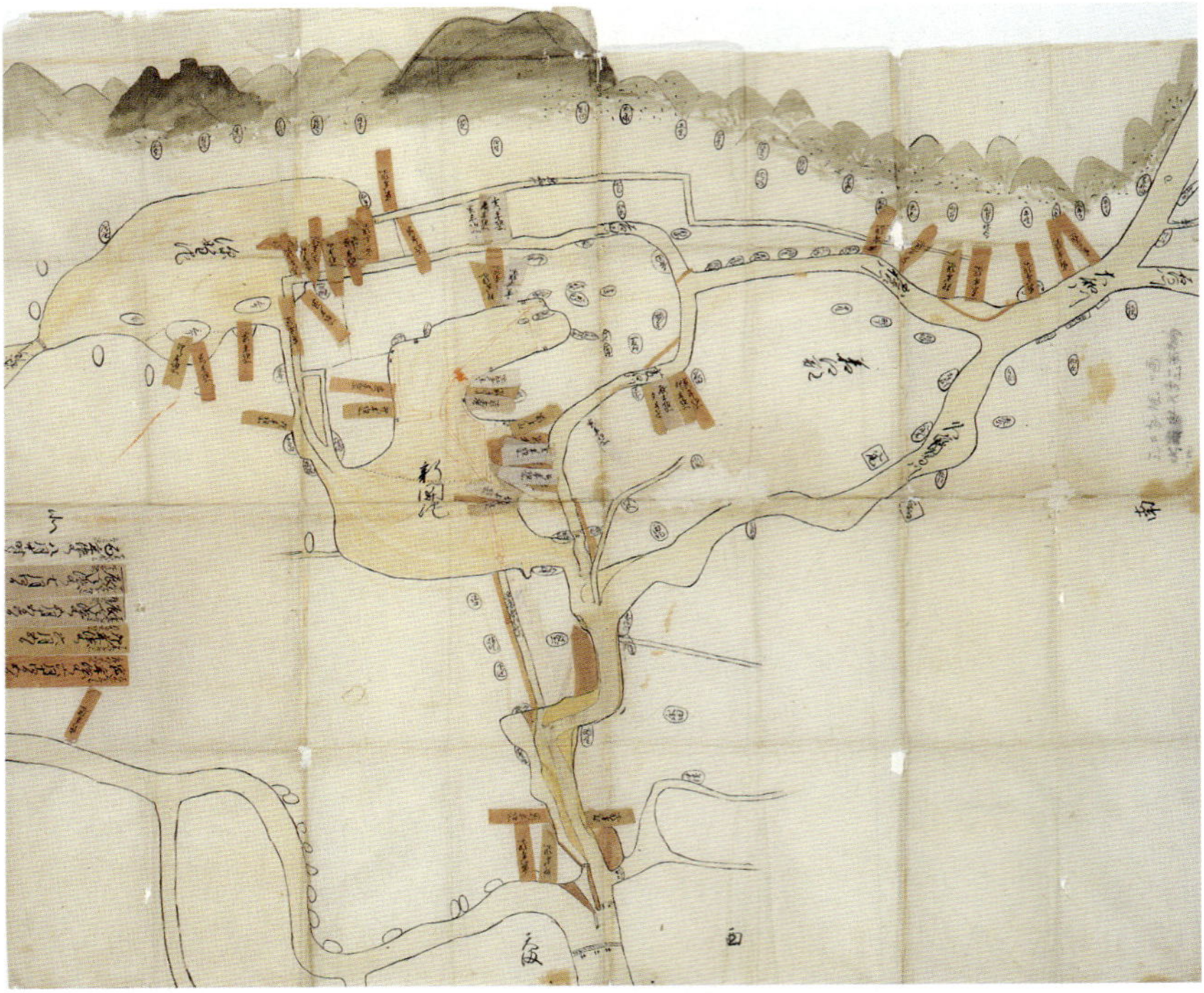

**堤切所附箋図**（N－070903、中九兵衛氏蔵、阿南辰秀氏撮）

貞享４年（1687）に幕府に提出された絵図。延宝２年（1674）から延宝９年（1681）の８年間におこった洪水で、堤防が切れた場所に附箋が貼られている。

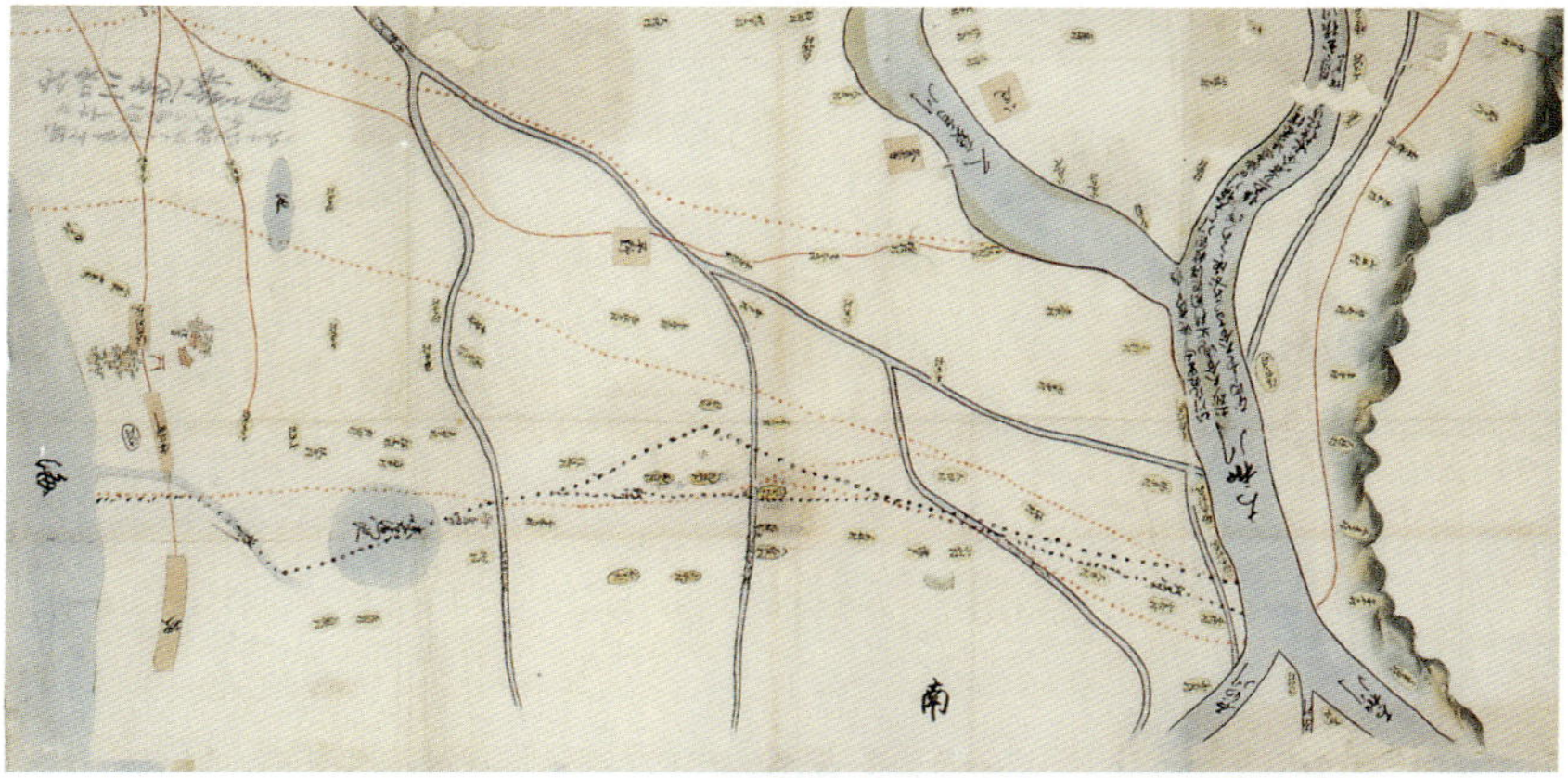

**新川と計画川筋**（N－070904、中九兵衛氏蔵、阿南辰秀氏撮）

新大和川の計画川筋として、５本のルートが記入されている。実際には、黒点の南側の川筋に付け替えられた。

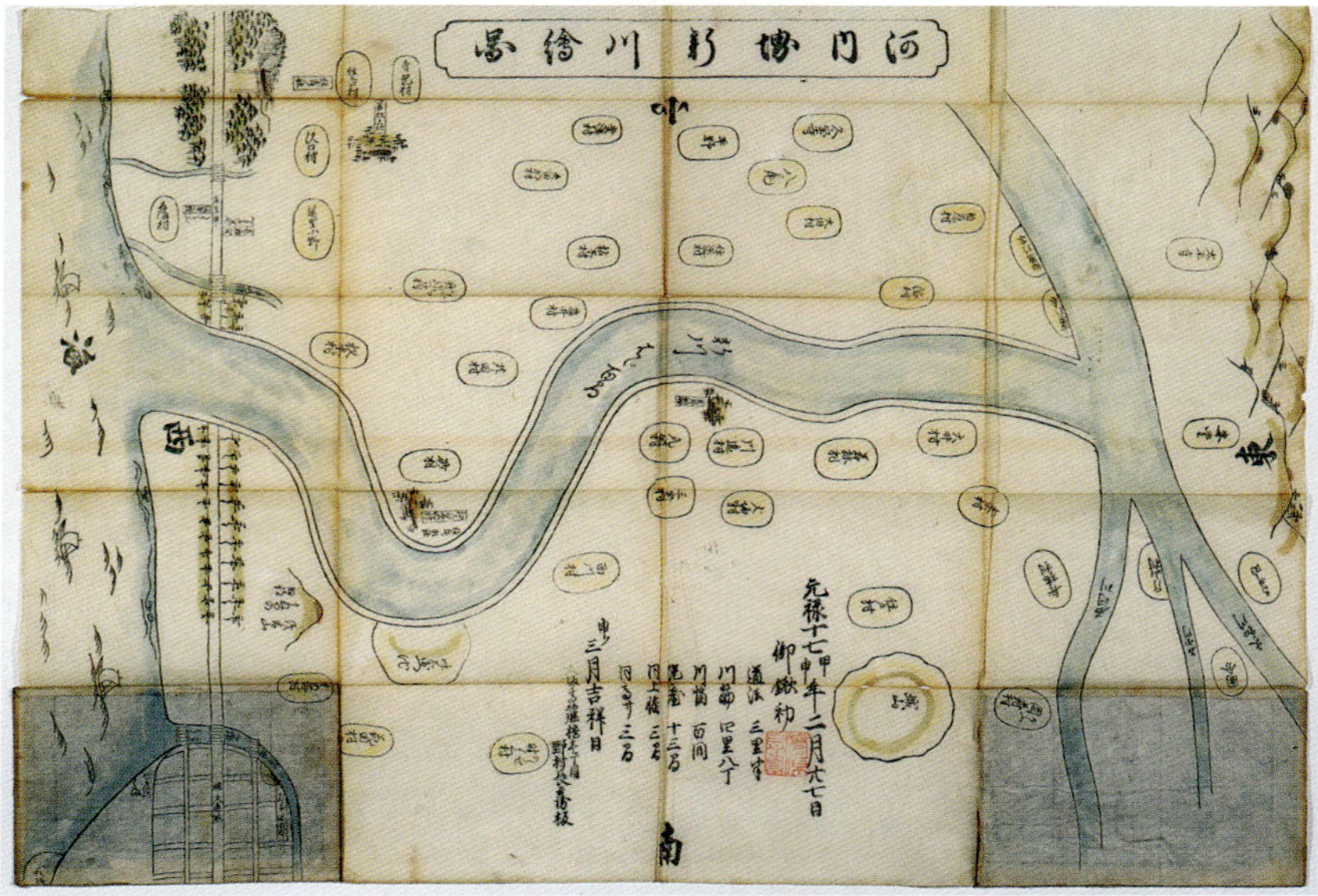


**河内堺新川絵図**（大阪歴史博物館蔵）

元禄17年（1704）３月に発行された、大和川付け替え工事が始まったことを知らせる絵図。

**大和川付け替え工事想像図**（八尾市立歴史民俗資料館蔵）
下の絵図を参考に、太田村（現八尾市）付近の付け替え工事の様子を想像して作製したもの。

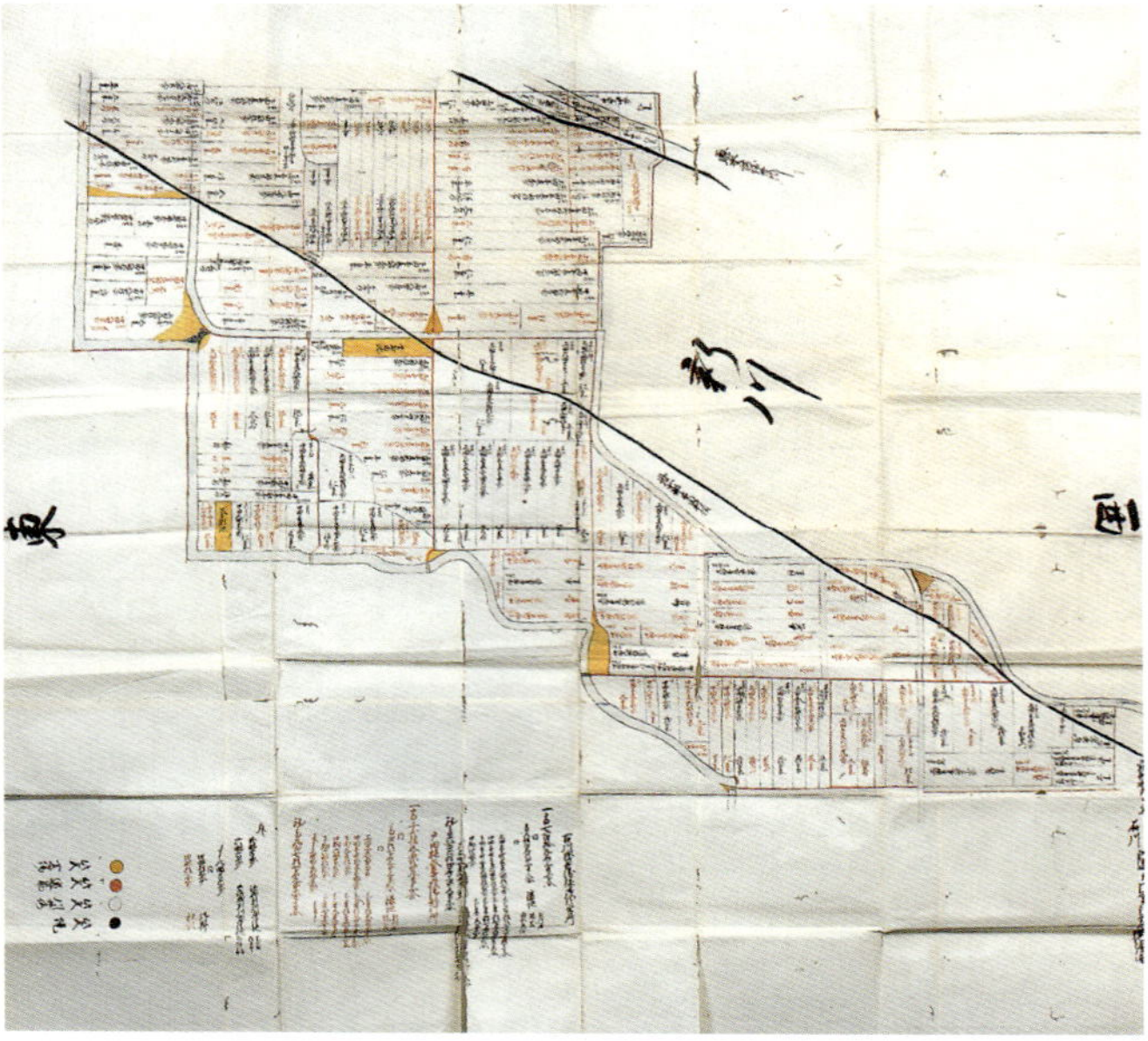

**大和川石川川違ニ付御普請領内潰地絵図**（大阪府立中之島図書館蔵）
付け替え前に作られた太田村の絵図に、大和川付け替えに伴う潰れ地を明示した絵図。

# 1　はじめに

## はじめに

奈良盆地を取り巻く周囲の山々からの水を集めて大川となった大和川は、盆地を出て柏原市築留で南から流れ来る石川と合流する。そこから河内平野を北西の低地に向かって幾すじにも分かれて流れていた。その低地は大雨になると度々洪水に見舞われていたことが歴史に残されている。

そこで今から三〇〇年あまり前、江戸時代の宝永元年、一七〇四年に柏原から今の堺市の北部に向かって、約一四キロメートル余りの新しい大和川が開削されるに至った。この付け替え工事は八か月間という突貫工事であったこともさることながら、着工前には五〇年に及ぶ紆余曲折があり、大変な難工事であったのである。その前史として江戸幕府成立後、各地で大規模な土地開発がおこなわれている。その二～三を挙げれば、多摩川の水を江戸の町へ上水として引いた玉川上水や、箱根芦ノ湖の水を、山を掘り抜いて下流域の水不足地域へひいた箱根用水、犀川の水を金沢城下へ生活用水としてひいた辰巳用水など、多くの労働力と費用を投入した事業が展開した。

新大和川の工事は、西日本を代表する記念碑的な大土木工事であったといえる。そこで、付け替え工事からちょうど三〇〇年が経過した二〇〇三年に、新旧の大和川流域にあたる七か所の博物館・資料館が寄り集まって、大和川水系ミュージアムネットワークという会を結成した。ここでは、近世以降、河内平野の中で大和川付け替えの意義や川と地域との結びつきなどについて研究を深め、各館ごとにその成果を生かした企画展を計画し、公開することとした。

さらに、その企画をいっそう充実したものにするために、七館の共同事業として数名の研究者の方に登壇していただき、二〇〇四年一一月一四日に「大和川付け替え三〇〇年—その歴史と意義を考える」という共同シンポジウムを大阪歴史博物館で開催することになったのである。二五〇名の参加を目指して募集したところ、五〇〇名余りの応募があり、大きな反響を呼び、皆さんに期待されていることを知った次第である。

そこで、この成果をさらに多くの方々にお伝えしようと、大和川水系ミュージアムネットワークおよび、当日の講師陣が相談して、記念シンポジウムの内容を基本としながら、新たに構成して一冊の本として刊行することになった。この計画を雄山閣に申し出たところ、こころよく引きうけていただき、このような形で実現することとなった。ミュージアムネットワークを代表して、関係していただいた各位に対して御礼を申し上げたい。

最近では、大和川は水環境問題でもたびたび話題にのぼり、流域住民の関心を呼んでいるが、本出版に当たり流域のマップと各館案内なども掲載しているので、多方面に活用していただければ幸いである。

平成一九年六月一〇日

大阪府立狭山池博物館館長　工楽　善通

# 大和川付け替え三〇〇年／目次

# Ⅰ　大和川付け替え三〇〇年、その歴史と意義を考える

# 古文書から見た大和川付け替え運動

中 甚兵衛 一〇代目　中 九兵衛

## はじめに

大和川《やまとがわ》の付け替えは、それに至るまでに、水害に苦しむ農民たちの半世紀近くにおよぶ長い農民運動の歴史がある。その間、運動の規模や請願内容にも大きな変動がみられた。本稿はその推移を、出来る限り古文書にのっとって明らかにするものである。

付け替え以前の農民運動や大和川の状態に関しては、五〇年ほど前からよく述べられているわりに(1)、本格的な研究がほとんどされていない。どちらかと言うと小説風作品が尊重され(2)、フィクションと史実が混同されてきた。昭和三〇年頃から市史類が次々と刊行されたが(3)、十分な裏付けを確認しないまま先行文献をいたずらに繰り返したため、実に曖昧な表現・事柄が定説化し、また学校教材としても広く使用されてきたのが現実である。

裏付けのとれるものの確認が必要として、僭越ながら二〇年ほど前から見直しの提唱をしてきたが、ようやく付け替え三〇〇年を迎えて、この大和川水系ミュージアムネットワークを始め、各方面で何かが動き出した感じがする。東大阪の今米公園にも、柏原の二五〇年記念碑と全く内容の違う新しい顕彰板が設置された(4)。こうした動きを肌に感じ、先生方に交じってこのような発言の機会を与えていただいたことも感慨無量である。

ただ、史料の裏付けが大事とは言え、管見の限り、付け替えを願う方、それが迷惑だとして阻止する方、両者共に、運動が開始された明暦という時代から万治、寛文といった時代の直接の文書が伝わっておらず、延宝二年（一六七四）に起きた大水害以降に書き残された文書類で、全体像を探らなければならないのが現状である。流失もしくは今の時代までの保存に耐えられなくなったのであろうか。延宝三年（一六七五）の《堤防比較調査図》（仮称、拙家文書、以下拙家文書は《》で示す）と、延宝四年（一六七六）の付け替え迷惑訴状である「乍恐言上仕候」(5)が、今のところ旧村に伝わる最古のものとみられる。したがって、随所に推察を織り込まねばならないが、出来る限りの史料を骨子として農民運動を振り返りたいと思う。

なお、本発表後に村田路人氏より、旧公爵の久我《こが》家文書(6)中に、寛文五年（一六六五）の付け替え検分の際の、新川予定筋村々の迷惑の訴状類が残されていることを、ご教示いただいた。久我家が寛文五年一一月に志紀郡弓削村の知行を安堵した直後の文書である。一方で、久我家文書中、大和川付け替え文書はこの時のものだけであることも、後日ご確認いただいた。今のところ、寛文五年の検分について、前述の延宝以降の新川筋の旧村文書では、その実施の事実を確認出来るものを見つけていないが、以後の本稿は、この寛文五年の検分を加えた形で進めさせていただく。

## 一、古大和川

### 摂河の古大和川水系（江戸時代）

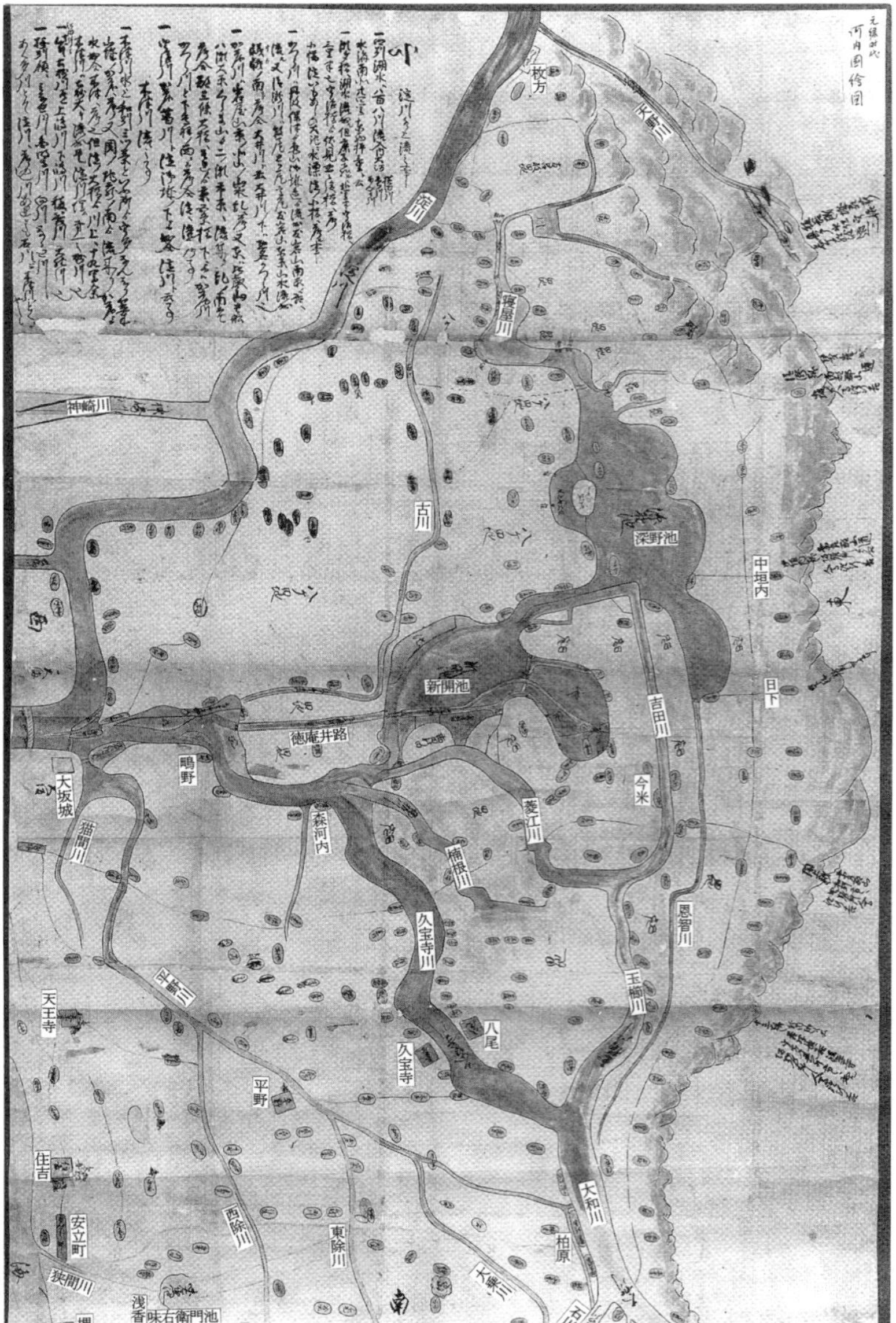


**図1　河内国絵図**（元禄期後半）

河内国の川や池の水はすべて、大坂城の北東部で集結し淀川に流れ込んでいた。

まずは、《河内国絵図《かわちのくにえず》》（仮称）で、付け替え以前の河内・摂津地域の大和川の流れを見、付け替えという途方もない考えを生み出した理由を簡単に考察しておきたいと思う。

奈良盆地の多くの水を集めて河内に入って来た大和川は、南からの「石川《いしかわ》」を合流した後、柏原あたりから北寄りに流れていた。その西側に南から張り出す羽曳野丘陵・瓜破台や上町台地などの高台に西流を妨げられていたからである。

石川合流後の「大和川」は、まもなくして枝分かれするが、中世以来の本流は左の方、八尾《やお》と久宝寺《きゅうほうじ》の間を通り森河内《もりかわち》・鴫野《しぎの》を経て淀川まで達する「久宝寺川《きゅうほうじがわ》」であった。ただ、後述するように、付け替え運動の途中で、ある年以降、特に森河内までの久宝寺川は増水時の水量が減少するという事態が起きることになる。

一方の「玉櫛川《たまくしがわ》」はさらに分流する。その北方には大昔の入海の名残である、「深野池《ふこうのいけ》」と「新開池《しんひらきいけ》」があるが、玉櫛川の支流の一つ「吉田川《よしだがわ》」は深野池からさらに新開池へと流れ込み、もう一つの「菱江川《ひしえがわ》」は別の「楠根川《くすねがわ》」や池の水などと共に、森河内付近で再び久宝寺川に合流していた。多くの水がもみ合った所である。

さらに、大和川にぶつかって来る流れも多くあった。北からの「寝屋川《ねやがわ》」が深野池の西堤に沿って南下、南からの「恩智川《おんちがわ》」と「深野川《ふこのがわ》」で落ち合い、新開池北堤から徳庵井路を経て最後は久宝寺川に流れ込んでいたし、淀川乱流の名残とみられる「古川《ふるかわ》」も同じであった。共に鴫野付近である。そして、南からは「平野川《ひらのがわ》」[7]、これも「大乗川《だいじょうがわ》」「狭山東除川《さやまひがしよけがわ》」「狭山西除川《さやまにしよけがわ》」を集めながら、「猫間川《ねこまがわ》」と共に久宝寺川の末流付近に達していた。

## 付け替え運動を生む背景

このように、大和川だけでなく河内平野のすべての水が集結し、大坂城の北で東から「淀川《よどがわ》」に合流していた。

これだけの水の、海への出口が一か所しかなかったのである。

大坂城の東の方は南北方向で土地が一番低い所で、河内平野の排水のためには、水はスムーズに西に流れなければならないが、生駒《いこま》山麓から西への傾斜はほとんどないため、淀川への流入にも勢いがなく、時には逆流さえ起きた。

これらの状況が、洪水多発の一つの要因であり、大和川を淀川と切り離して直接海に落とす考えに繋がるが、平《へい》野《や》部の河川に影響を及ぼすもう一つの要因は、上流の森林の状態といえる。江戸初期、山々の木々は乱伐・根倒しされ、ひどい荒れ様であった。この大開発のつけが、大雨時の保水機能の低下と土砂の大量流出となって表われてくる。

幕府は国役堤として両岸の連続堤防の強化を図るが、それがもたらす功罪、すなわち水害を未然に防ぐ一方で、天井川となる要件を備えてしまったことにも、付け替えを主張する側の着眼点があったようだ。というのも、次章以降で明らかにするように、大和川が天井川となる前に、先を見越すかのようにすでに付け替え運動が始まっていたからである。

## 二、付け替え運動と検分の始まり

### 付け替え運動の始まり

ここで、大和川の付け替え運動や、それに応えて実施された幕府筋の付け替え検分が、いつ頃から始まったかを具体的に見たいと思う。

まず、寛政八年（一七九六）の「新大和川堀割由来書上帳」(8)。かなり時代が下がったものであるが、その文書の性格上、単なる言い伝えを述べるのではなく、過去の文書にのっとった記載であるので、信憑性が高いと思われる。その冒頭に、「大和川と石川が落ち合う河州志紀郡船橋村と柏原村の間より、摂州住吉郡安立町の南・手水橋へ川違えの願いは、下河内村々の願い初めより元禄一六未年（一七〇三）迄、およそ四五か年になります」とある。元禄一六年の四五年前は万治二年（一六五九）なので、その前後二年、すなわち明暦三年（一六五七）～万治四年（一六六一）が範疇に入ると考えられる。

また、この運動期間中には、芝《しば》村の曽根《そね》三郎右衛門《さぶろううえもん》や、吉田《よしだ》村の山中治郎兵衛《やまなかじろべえ》が度々江戸に詰め願い上げたとある。さらに、付け替えとは全く関係のない文書であるが、今米《いまごめ》村の中甚兵衛《なかじんべえ》が右の明暦三年に江戸に下り、以後、寛文一二年（一六七二）まで滞在していたことを記した代官宛の文書《乍恐口上書》[9]がある。その江戸への道中の記録であろうか、所々風景を書き込んだ東海道の地図も残している。

## 付け替え検分の始まり

次に、幕府の検分の始まりに関するもので、川違え計画の迷惑を訴えた元禄一六年（一七〇三）五月の志紀・丹北・住吉郡百姓による訴状「乍恐川違迷惑之御訴訟」[10]によると、「河州河内郡の百姓が先年より江戸へ下り、大和川と石川の落ち合いより西へ川違えを仰せ付けて下されば、ご公儀様のお為にもなり、摂州・河州の全ての百姓も願っていることとして、累年（年を重ねて）ご訴訟申し上げたようです。それにより今から四〇余年以前より、度々お奉行様方がご検分されましたので、その度毎に、私達百姓は迷惑致しました」とあることから、検分の始まりも万治年間（一六五八～六一）あたりと見てよいだろう。

## 万治年間の水所と付け替え検分記録

そこで、万治年間の記録を見ると、「①万治三子年（一六六〇）八月に、大坂城の石垣や塀も崩れ壊れるほどの大雨があった[11]」とある。

そして、翌年三月の記録に、その以前に「②片桐石見守様と岡田豊前守様が、上方水所の見分をされた[12]」とある一方で、迷惑派が過去の検分記録を述べた冒頭に、「③先年、片桐石見守様と岡田豊前守様が、川違えのご検分においでになりました。大和川・石川を、志紀郡弓削村と柏原村領内の堤にて付け替えるべきとされて、住吉手水橋より間縄をお引かせになって、弓削村・柏原村領内の堤に杭木をお打ちになりましたので、縄筋の百姓や日損・水損場になる百姓は迷惑なことと存じ、計画お取りやめのご訴訟申し上げたところ、〔何も決まったことではないので、その積りでいれば良い〕とおっしゃって下さいましたので、有難く存じ、ご当地（江戸？）への御訴訟は取りやめました」とある。これは、延宝四年江戸への訴えの時のものと筆者が推定する訴状「乍恐言上仕候[13]」の第一項の内容で、これに続く第二項は二回目と思われる寛文一一年の検分（前述の経緯から実際は三回目）について述べられているので、①の被災のあとの、②の水所検分と③の初めてのものと思われる付け替え検分は、同時期のものと考えられる。

このように、付け替え検分はそれだけが単独に実施されるのではなく、水害の後、被災地、水所の巡見を行ない、応急策を講じると共に、必要と思えば付け替え新川筋の調査を行なうのが通例であったので、水所と新川筋で検分者が同一のものは、同時期と考えられる。また、万治三年に淀川・大和川の上流域の山々に根掘りを禁止するお触れが出されているが、この時の巡見の結果、あるいは、川違えより先に打つべき手段として触れ出されたとも解釈できるかもしれない。

## 表1　大和川付替年表

| 年号 | | | 洪水記録 | | 付替への動き | 関連事項 | |
|---|---|---|---|---|---|---|---|
| 1623 元和9亥 | | | | | | | |
| 1624 寛永1子 | | | | | 80 | | |
| 1625 2丑 | | | | | | | |
| 1626 3寅 | | | 〈堤防比較調査図〉☞ | ㊿ | | 堤奉行設置 | |
| 1627 4卯 | | | | 49 | | | |
| 1628 5辰 | | | | 48 | | | |
| 1629 6巳 | | | | 47 | 75 | | |
| 1630 7午 | | | | 46 | | | |
| 1631 8未 | | | | 45 | | | |
| 1632 9申 | | | | 44 | | | |
| 1633 10酉 | | | 柏原付近洪水 | 43 | | | |
| 1634 11戌 | | | | 42 | 70 | 山中治郎兵衛生る | |
| 1635 12亥 | | | 柏原付近洪水 | 41 | | | |
| 1636 13子 | | | | 40 | | 柏原船営業開始 | |
| 1637 14丑 | ☞ | | | 39 | | | |
| 1638 15寅 | | ㊿ | ♠寅年洪水（吉田川筋） | 38 | | | |
| 1639 寛永16卯 | ① | 49 | | 37 | 65 | 曽根三郎右衛門・中　甚兵衛生る | |
| 1640 17辰 | 2 | 48 | | 36 | | | |
| 1641 18巳 | 3 | 47 | | 35 | | | |
| 1642 19午 | 4 | 46 | | 34 | | | |
| 1643 20未 | 5 | 45 | | 33 | | 長曽根三郎右衛門歿● | |
| 1644 正保1申 | 6 | 44 | | 32 | 60 | | |
| 1645 2酉 | 7 | 43 | | 31 | | | |
| 1646 3戌 | 8 | 42 | | 30 | | | |
| 1647 4亥 | 9 | 41 | | 29 | | | |
| 1648 5子 | 10 | 40 | | 28 | | | I |
| 1649 慶安2丑 | 11 | 39 | | 27 | 55 | | |
| 1650 3寅 | 12 | 38 | 八尾木村堤切 | 26 | | | |
| 1651 4卯 | 13 | 37 | | 25 | | | |
| 1652 5辰 | 14 | 36 | ♠辰年洪水（吉田川筋） | 24 | | | |
| 1653 承応2巳 | 15 | 35 | | 23 | | 国役普請が毎年実施となる | |
| 1654 3午 | 16 | 34 | | 22 | 50 | 幕府利根川付替 | |
| 1655 4未 | 17 | 33 | | 21 | ☞〈元禄16年・反対派訴状〉 | 徳庵井路開削 | |
| 1656 明暦2申 | 18 | 32 | | 20 | 48 | 甚兵衛父道専歿● | |
| 1657 3酉 | ⑲ | 31 | | 19 | 47 | ㊲ 甚兵衛江戸に下る | |
| 1658 4戌 | 20 | 30 | | 18 | 46 この頃河内百姓江戸直訴 | 36 | |
| 1659 万治2亥 | 21 | 29 | | 17 | ㊺ | 35 | |
| 1660 3子 | 22 | 28 | 畿内大風雨 | 16 | 44 ★片桐石見守他検分／反対派出訴 | 34［根掘禁止］ | |
| 1661 4丑 | 23 | 27 | | 15 | 43 | 33 六郷井路開削 | |
| 1662 寛文2寅 | 24 | 26 | | 14 | 42 | 32 | |
| 1663 3卯 | 25 | 25 | | 13 | 41 | 31 | |
| 1664 4辰 | 26 | 24 | | 12 | 40 | 30 | |
| 1665 5巳 | 27 | 23 | | 11 | 39 ★松浦猪右衛門他検分／反対派出訴 | 29 | |
| 1666 6午 | 28 | 22 | | ⑩ | 38 | 28「諸国山川掟」 | |
| 1667 7未 | 29 | 21 | | 9 | 37 | 27 | |
| 1668 8申 | 30 | 20 | | 8 | 36 | 26 | |
| 1669 9酉 | 31 | 19 | | 7 | 35 | 25 | |
| 1670 10戌 | 32 | 18 | | 6 | 34 | 24 | |
| 1671 11亥 | 33 | 17 | | 5 | 33 ★永井右衛門検分／反対派出訴 | 23 | |
| 1672 12子 | 34 | 16 | | 4 | 32 | ㉒ 甚兵衛今米村に戻る | II |
| 1673 延宝1丑 | 35 | 15 | | 3 | 31 | 21 甚兵衛結婚 | |
| 1674 2寅 | 36 | ⑭ | ♠寅年大洪水（35か所） | 2 | 30 | 20 | |
| 1675 3卯 | 37 | 13 | ♠卯年大洪水（19か所） | ① | 29 | 19 | |
| 1676 4辰 | 38 | 12 | ♠辰年洪水（10か所） | | 28 ★町奉行衆検分／反対派江戸直訴 | 18 | |
| 1677 5巳 | 39 | 11 | | | 27 | 17 | |
| 1678 6午 | 40 | 10 | | | 26 | 16 | |
| 1679 7未 | 41 | 9 | | | 25 | 15 | |
| 1680 8申 | 42 | 8 | | | 24 | 14 | |
| 1681 9酉 | 43 | 7 | ♠酉年洪水（6か所） | | 23 | 13 | |
| 1682 天和2戌 | 44 | 6 | | | 22 | 12 | |
| 1683 3亥 | 45 | 5 | ♠亥年洪水（7か所） | | ㉑ ★彦坂壱岐守他検分／反対派出訴 | 11 | |
| 1684 貞享1子 | 46 | 4 | | | 20 河村瑞賢の川筋普請始まる | 10［山川掟］ | |
| 1685 2丑 | 47 | 3 | | | 19 河村瑞賢新開池葭刈指示 | 9 | |
| 1686 3寅 | 48 | 2 | ♠寅年洪水（4か所） | | 18 | 8 | |
| 1687 4卯 | ㊾ | ① | | | 17 川奉行設置・付替不要施策徹底 | 7 | |
| 1688 5辰 | 50 | ☞ | 〈促進派訴状堤切所之覚〉 | | 16 | 6 | |
| 1689 元禄2巳 | 51 | | | | 15 治水工事嘆願 | 5 貝原益軒「南游紀行」 | |
| 1690 3午 | 52 | | | | 14 | 4 | |
| 1691 4未 | 53 | | | | 13 | 3 | |
| 1692 5申 | 54 | | | | 12 | 2 | |
| 1693 6酉 | 55 | | | | 11 | ① | |
| 1694 7戌 | 56 | | | | 10 | ☞〈対北条村一玄訴状〉 | |
| 1695 8亥 | 57 | | | | 9 | | III |
| 1696 9子 | 58 | | | | 8 | ●山中治郎兵衛歿63歳 | |
| 1697 10丑 | 59 | | | | 7 | | |
| 1698 11寅 | 60 | | | | 6 河村瑞賢第二次川筋普請始まる | | |
| 1699 12卯 | 61 | | | | 5 | 河村瑞賢歿 | |
| 1700 13辰 | 62 | | | | 4 | | |
| 1701 14巳 | 63 | | 今米村水損で年貢免除 | | 3 水所検分・付替検討役に堤奉行 | | |
| 1702 15午 | 64 | | | | 2 甚兵衛度々堤奉行に具申 | | |
| 1703 16未 | 65 | | | | ① ★検分・付替決定／反対派出訴 | | |
| 1704 宝永1申 | (66) | | | | 大和川付替 | | |
| 1705 2酉 | 67 | | | | （旧川筋大縄検地） | 甚兵衛剃髪・乗久 | |
| 1706 3戌 | 68 | | | | | ●曽根三郎右衛門歿68歳 | |
| 1707 4亥 | 69 | | | | | | |
| 1708 5子 | 70 | | | | （検地） | | |

これらの考察から、「万治三年、大和小泉藩片桐石見守貞昌、勘定奉行岡田豊前守善政が、五畿内および東海道の水害地の巡察を命ぜられたとき、両人は川違えの検分を行ない、住吉郡安立町の南端にある手水橋から志紀郡弓削村・柏原村まで測量すると共に、その領内の堤防に杭木を打った」という、『大阪府史』第五巻の記載は、まず間違いないと思われる。

以上から、幕府筋による川違え検分の始まりは元禄一六年の四四年以前に当る万治三年（一六六〇）。それまでに、累年訴訟が行なわれたと言うことだから、河内百姓による川違えの江戸直訴の始まりは、およそ四五年の範疇の中で一番古い、元禄一六年の四七年以前、明暦三年（一六五七）頃と判断して良いのではと考えられる。明暦二年に甚兵衛の父[14]が亡くなってのちのことになる。

先ほどから「何年以前」という表現を使っているが、当時の数え方はそれを始める年を含まねばならないので、現在の表現と一年のズレが生じる。別掲の「大和川付替年表」では甚兵衛の年齢（数え年）以外は、数字が年代を遡る形になっているが、右と同じように、1の年に書かれた文書の何年前かを表わしている。

この後、付け替えの嘆願、検分が幾度となく繰り返され、実行に移されないまま時が経過して行くが、次に、その間に見られる大和川の流れの大きな変化について見ることにしよう。

## 三、古大和川の状況変化

### 《堤防比較調査図》に見る天井川の様子

延宝三年（一六七五）八月の、河内国における大和川両岸堤防の様子を記したものが、拙家文書の中に残っている。《堤防比較調査図》と仮に名付けている。

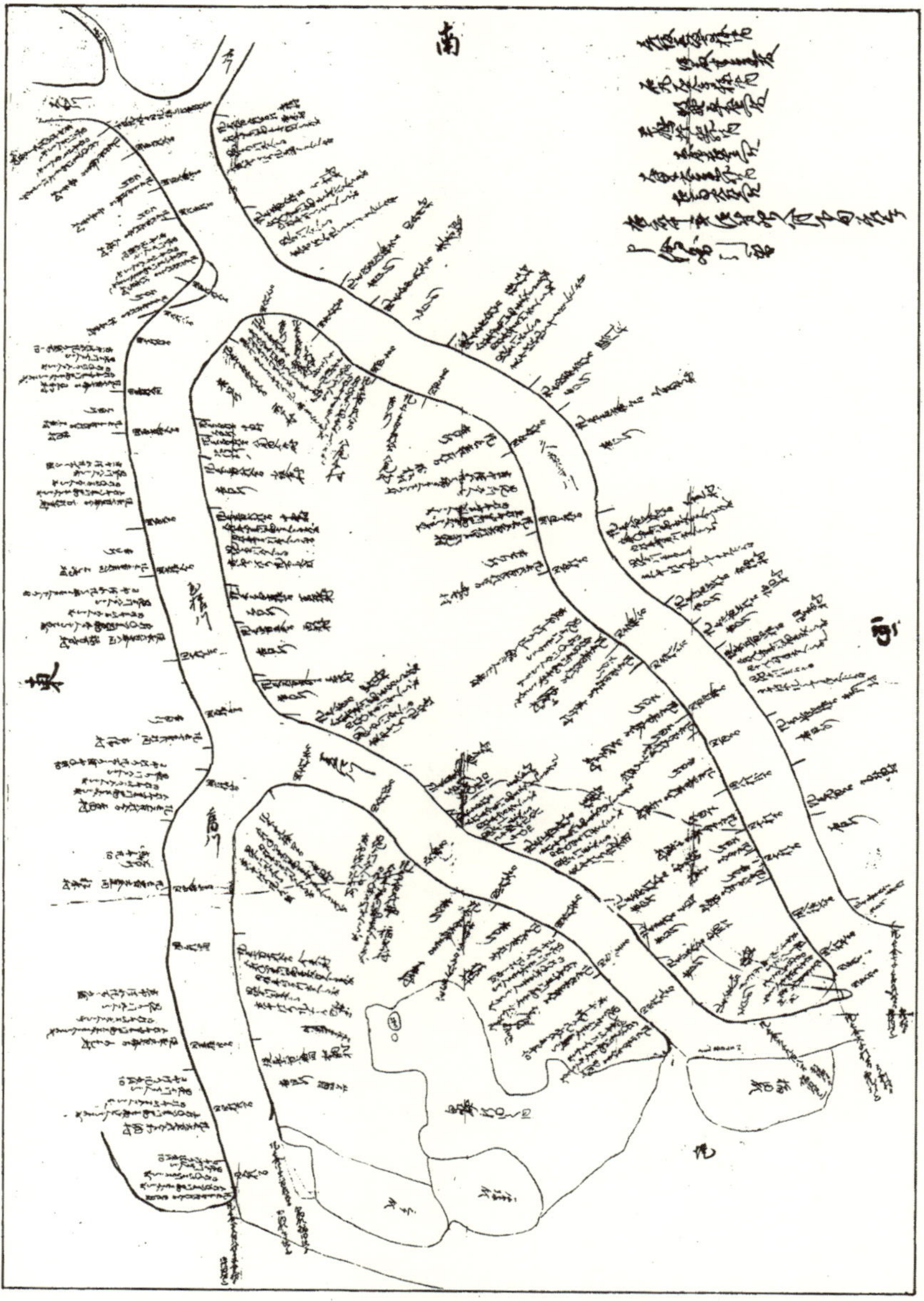


**図２　堤防比較調査図**（延宝３年）　大和川付け替え関係で、旧村で現存する最も古い史料。急速に天井川と化した時期が特定出来ると共に、具体的な川幅をも記している貴重なもの。

沿岸の村単位で、「堤の長さ、過去五〇年間の川筋上昇度、その内最近一〇年間の変化、その結果として現在は田地より川筋がどれだけ高いか、寅卯洪水の状態」を定型文で示しており、丹念に読み取り計算すると、大和川が天井川に化して行く時期が明らかとなるものである。

この年、延宝三年（一六七五）は、全域で川筋の方が周囲の本田より一・五〜三メートルほど高い天井川となっている。よく、江戸時代当初からこのような状態であったと言われているが、その五〇年前、寛永三年（一六二六）は、逆に〇・三〜二メートル、田地の方が高く、決して天井川ではない。

そして、一〇年前の寛文六年（一六六六）でさえ、一・五メートルほど、川筋が高い所もあるが、同水準やまだ田地の方が高い箇所も残っている。が、この年以降の一〇年間は、それ以前の四〇年間分に相当する勢いで川筋の上昇が進んでいる。

ちなみに、今米村を例にとって見ると、当時は川が三メートルも高くなっているが、五〇年間の上昇は三・六メートルある。すなわち、五〇年前には六〇センチメートル川筋が低かったことになる。この一〇年間でそれ以前の四〇年間に相当する一・八メートルの上昇が見られる。図3は、大和川沿岸の全村の記録をまとめたものである。

万治三年に、幕府は洪水時の川底への砂の堆積の原因を指摘して、山城・大和・伊賀三か国へ根堀の禁止と苗木の植樹を通達している。その効果もなかったのだろう。本調査図が語る一〇年前の寛文六年にも、「山川掟」が発令[15]されていた。が、現実は皮肉にも、大和川では寛文から延宝年間にかけて急激に天井川化が進んでいたのである。これは、無秩序な開発、山林の濫伐・根倒しなどによる土砂流出量の増加に加え、堤奉行による国役堤としての管理保全が徹底したことから、両岸の頑強な連続堤形成で完全に河道の固定が行なわれるなど、天井川化の条件が重

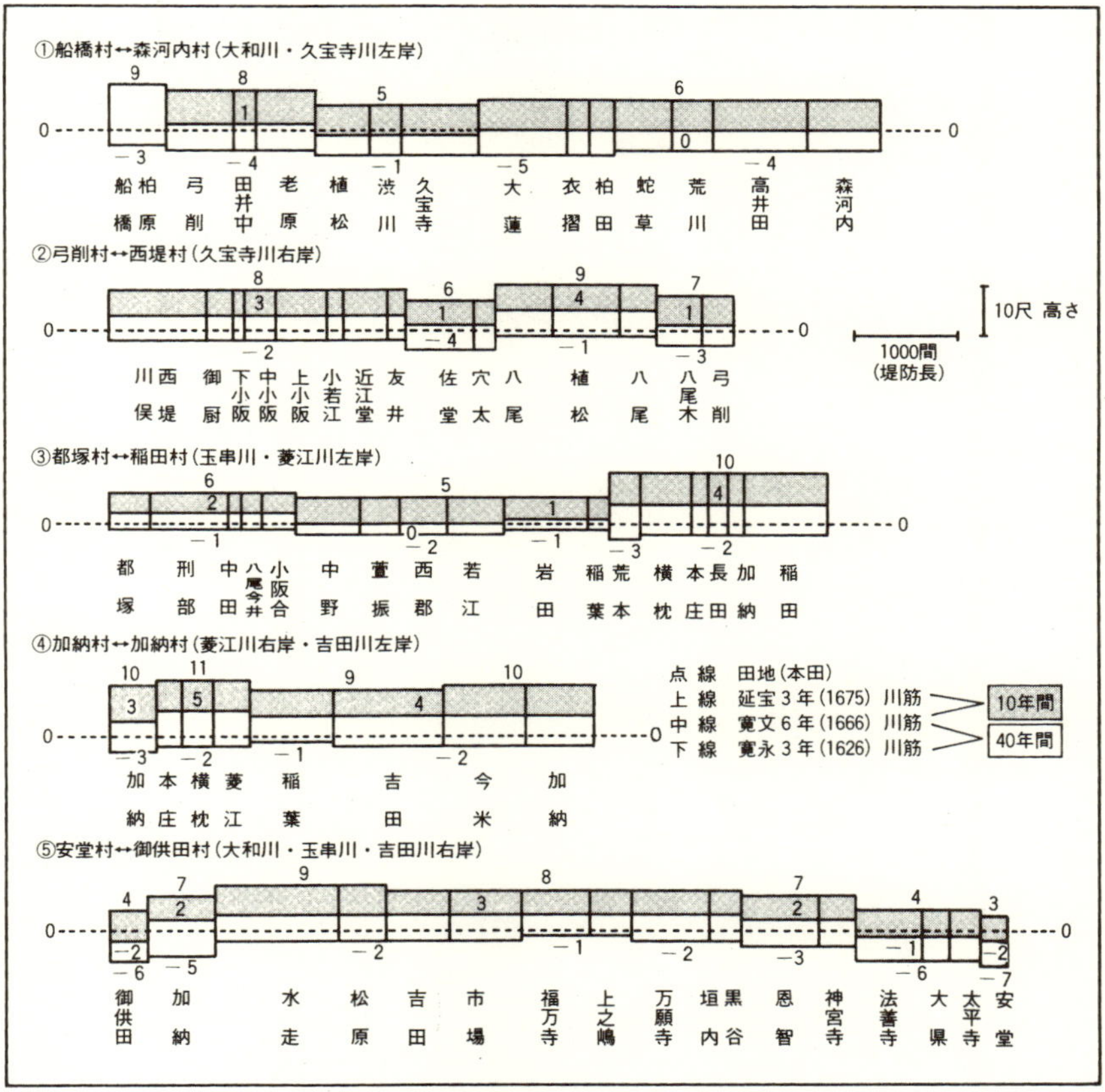


**図3　堤防比較調査図にみる川筋と田地の高さの差**
寛文から延宝にかけて大和川は急速に天井川と化した。

なったことによるものと思われる。

### 《堤切所之覚・同付箋図》に見る本支流の逆転

同じく拙家文書に、貞享四年（一六八七）四月付で《堤切所之覚》という訴状がある。前半部で五〇年以前の寛永一五年（一六三八）からの、大和川水系と新開・深野池廻りの堤切れの年度と件数を列挙している。この時点では、後に述べるように大和川付け替えを願えなくなっているので、後半部では川違えに代わる治水改善策（後述）を

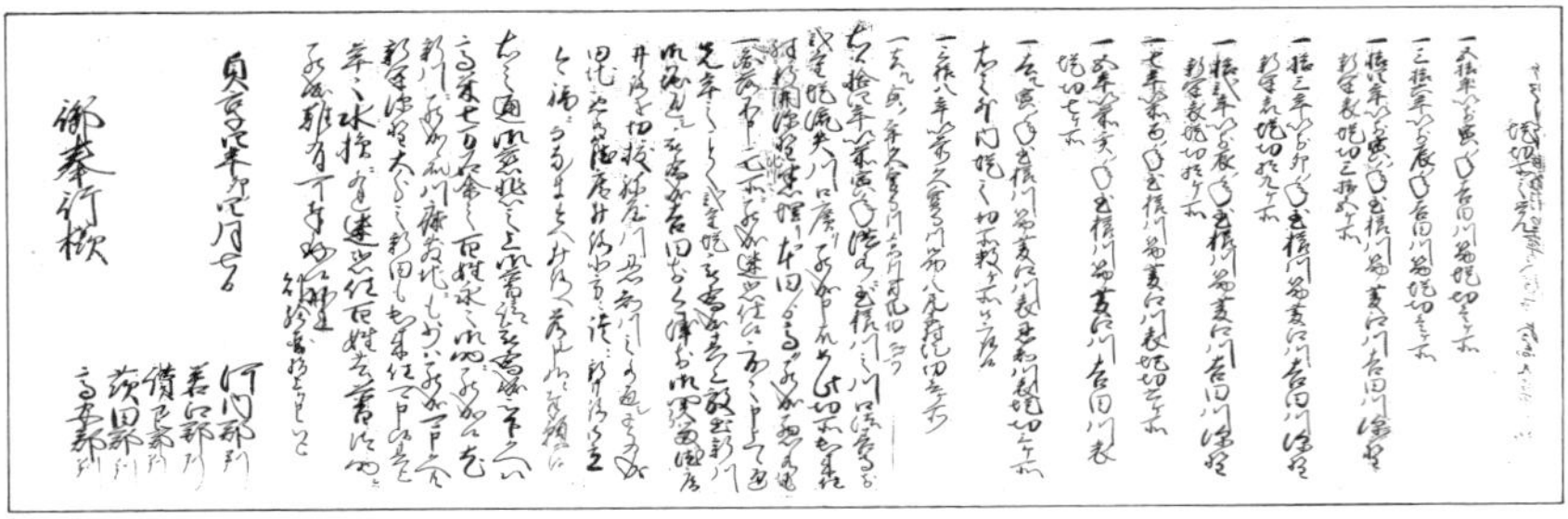

**図４　堤切所之覚**（貞享４年）　この年の過去五十年間の洪水による堤の切れ所数を列記、絵図面を添付して、延宝２年の法善寺前二重堤決壊以後の、広域被害の惨状ぶりを述べ、改善工事の実施を要望している。

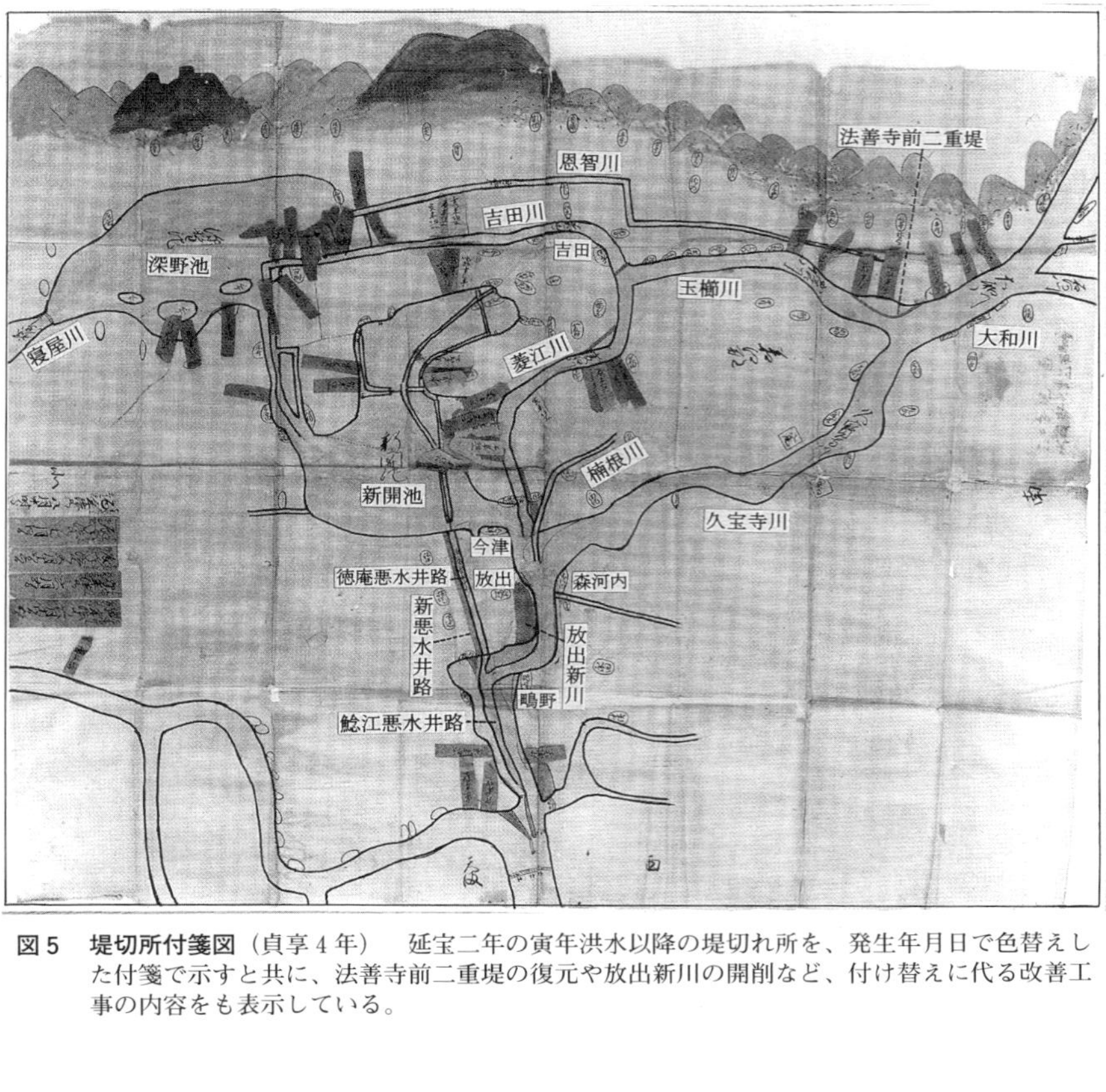


**図５　堤切所付箋図**（貞享４年）　延宝二年の寅年洪水以降の堤切れ所を、発生年月日で色替えした付箋で示すと共に、法善寺前二重堤の復元や放出新川の開削など、付け替えに代る改善工事の内容をも表示している。

**表２　延宝年間の洪水と堤切れ数**

| | 被災年月日 | 玉櫛川とその下流 | 久宝寺川筋 |
|---|---|---|---|
| ① | 延宝２寅年(1674) ６月14日・15日 | 35 | 0 |
| ② | 延宝３卯年(1675) ６月５日 | 19 | 0 |
| ③ | 延宝４辰年(1676) ５月15日・16日 | 6 | 0 |
| ④ | 延宝４辰年(1676) ７月４日 | 4 | 0 |
| ⑤ | 延宝９酉年(1681) ８月中時分 | 6 | 0 |
| 計 | | 70 | 0 |

法善寺前二重堤の流失後、大和川の堤切れは玉櫛川筋とその下流の菱江川・吉田川・深野池・新開池で連続して起こった。
（貞享４年『堤切所之覚』『堤切所付箋図』による）

述べ、工事の早期実施を願っている。そして、切れ所や改善策を付箋などで表示した絵図である《堤切所付箋図》（仮称）を添付している。

この訴状によると、「この五〇年間には、寛永一五年（一六三八）と慶安五年（一六五二）に、吉田川でそれぞれ一か所の堤切れが起きる程度で済んでいましたが、一四年以前、延宝二年（一六七四）の寅年洪水で、玉櫛川の川口にあった法善寺前二重堤が流失し、川の入口が広くなったために、玉櫛川・菱江川・吉田川・深野池・新開池で、延宝二寅年三五か所、以下毎年のように（同三卯年一九か所、同四辰年一〇か所、同九酉年六か所、天和三亥年七か所、貞享三寅年三か所）、多くの切れ所が発生しました。殊に、新開池・深野池・玉櫛川・菱江川・吉田川が悉く埋って、本田より高くなってしまいました。悪水も一円落ちず、亡所になり迷惑しております」とある。

掲載図にその形が見られるように、川の中に張り出しその両端を本堤に連結させた堤、「法善寺前二重堤」（実質はこれが本堤）の流失後、川の入り口に当る箇所の両堤根間の距離は、久宝寺川の一五五メートルに対し玉櫛川の方が二二七メートルと広くなった。こうして、それまで保ってきた大和川水系の全体の秩序が乱れ、増水時には本支流が逆転する形で玉櫛川の方にどっと濁流が流れ込み、玉櫛川とその下流域（深野・新開池を含む）で洪水が多発、被害が広域化するようになった。

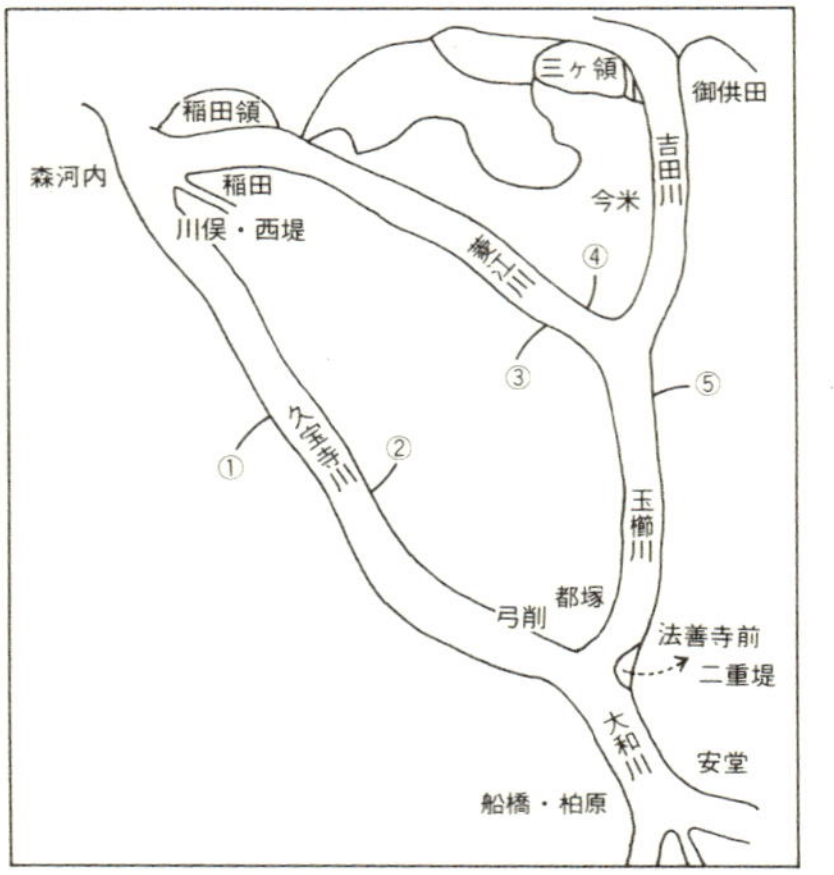


**図6　堤防比較調査図にみる法善寺前二重堤**
前年に壊滅した法善寺前二重堤が原図では黄色で示されている。①〜⑤は図3に対応。

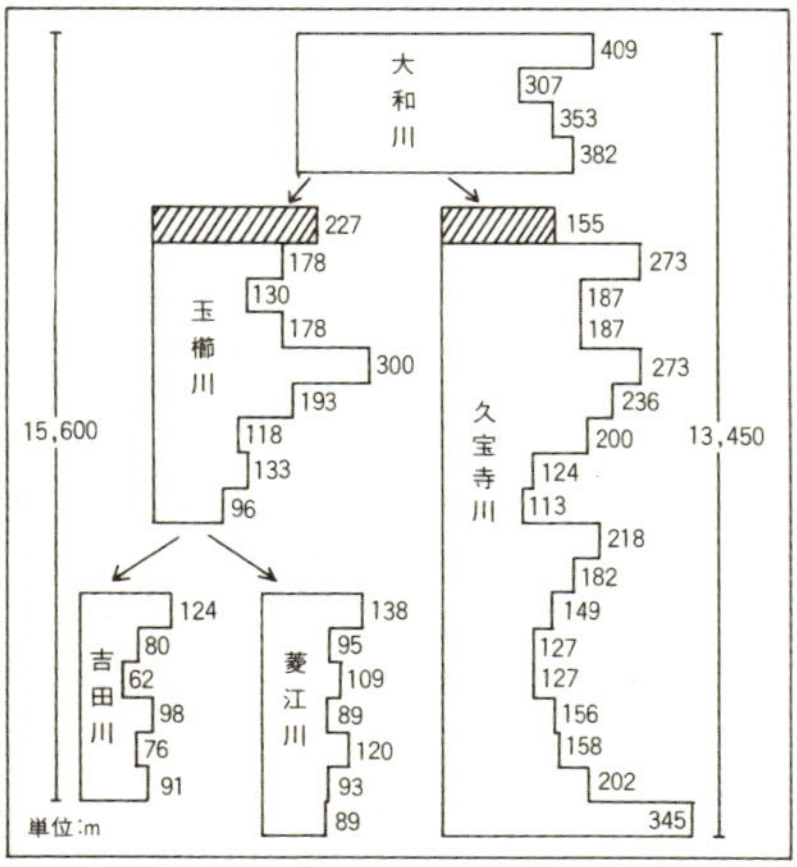


**図7　堤防比較調査図にみる古大和川の川幅**
斜線部の本堤根間は本流の久宝寺川より玉櫛川の方が広い。そのため、玉櫛川川口には水量調整のために二重堤が築かれていた。

このように、付け替え計画が中止を繰り返す中で、大和川は天井川化や増水時の無秩序化など、どうしようもない状態に陥っていったのである。

## 『畿内治河記』に見る天和年間以前の様子

これら、農民側の記録や訴えの内容の裏付けとして、支配者側の立場の記述を見ておこう。天和三年（一六八三）以降の河村瑞賢の治水事業記録である新井白石著『畿内治河記』の序文に、

①畿内の水禍が激しいので、幕府はしばしば役人に被災地を巡察させ、その対策を求めた。

②その結果、「淀川は多くの河川を集めて海に注いでいる。ほとんどは上流地域で流入しているのに、一つ大和川だけが下流で会し、しかも横から流入している。これが溢水の原因となる。両川は流れにまかせてぶつかり水勢を争い、共にまともには海に注がない。そこで、大和川を別の流れに変えれば水勢が分殺されて両川はその拠り所を得て流れる」と認識された。

③新大和川の流路としては、瓜破野を掘って住吉浦へと通し海に注がせるという意見や、あるいは阿部野（阿倍野）を掘って難波浦へ至らしめ海に注がせるという案が出た。
④しかしながら、新川予定筋に昔から住み付いている農民は、田が割かれるのを恐れ不安動揺が激しく、一方での水害を被って付け替えを望む農民と競うように、訴えが繰り返された。
⑤しかも、付け替え費用はいくらかかるとも知れず、また賛否両論の具申を競い、互いにそれぞれの便宜を述べるので、容易に結論が出なかった。川の管理役人も種々の治水の策を試みたが、ほとんど効果はなく、洪水は無くならなかった。

とあり、さらに寛文年間の川普請などを述べたあと、「寛文から延宝の時代（一六六一～八一）に至って、河道は益々塞がり、水害も益々激しくなり、毎年のように流亡漂溺《りゅうぼうひょうでき》の災いが続いた」と記している。先に拙家文書で見た、河道における砂の堆積、すなわち急激な天井川化が進んだ時期や、延宝年間の洪水の激しさの記録とも一致する。

以上までで、改めて注目すべきは、こうした全域天井川・広域連続洪水など状況悪化が進むより以前、さらに言えば、山川掟やそれに先立つ根掘禁止などが発令される以前に、土着農民の付け替え運動がすでに始まっていたということである。その後の付け替え運動を見直すことにしよう。

## 四、前半三〇年と後半二〇年の運動の変化

### 付け替えを望んだ村の運動規模の推移

従来、「付け替え運動は、河内の国の大和川沿いの村々で展開され、工事直前まで続けられていた」という認識が一般的であったが、運動の規模や内容を確認すると、決してそうではない。これまで、拙家文書以外に公にされ

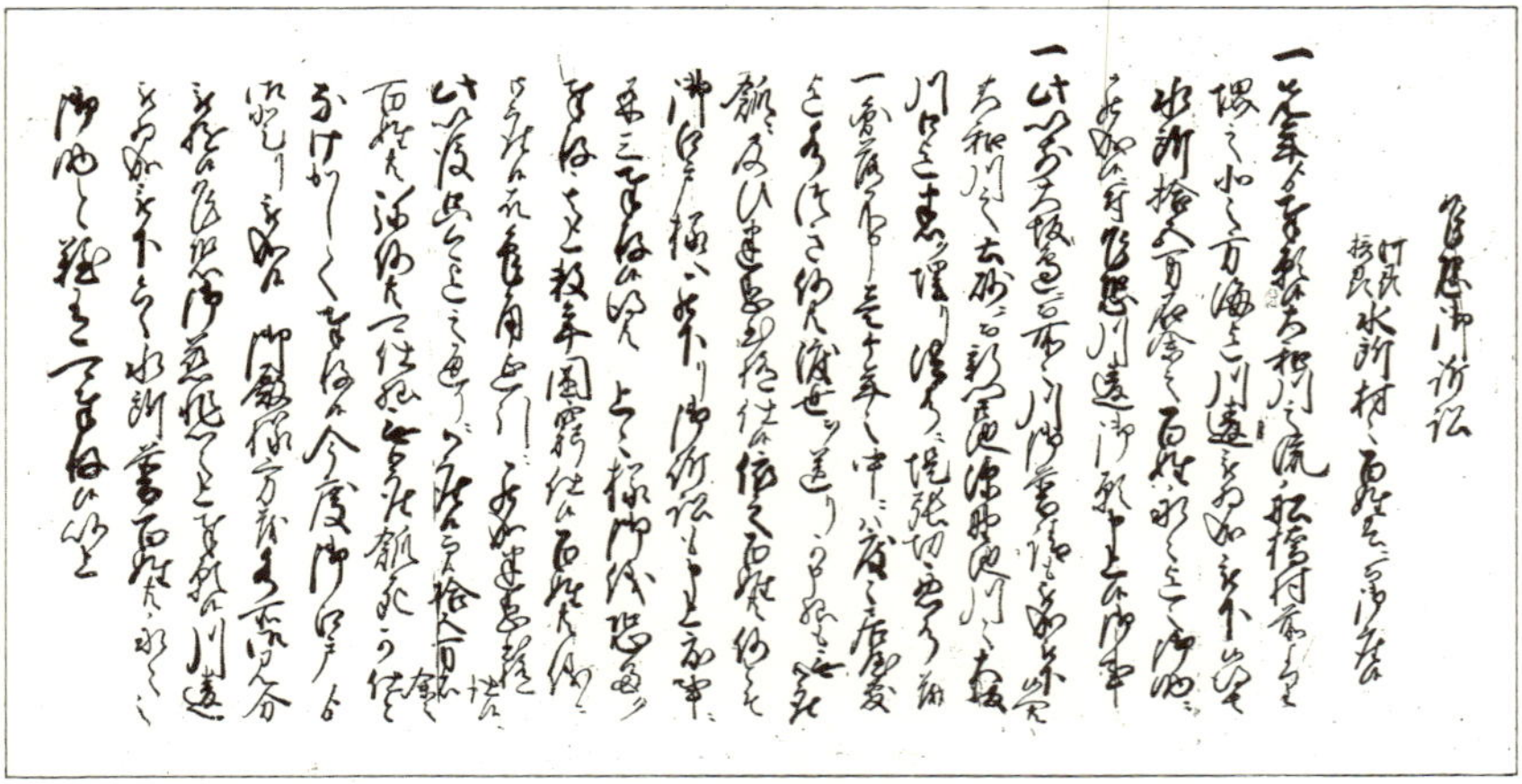

**図8　付け替え嘆願書**（貞享4年）　端裏書に「貞享四年伊予守様へ差出控」とある。摂河両国水所15万石余の百姓が、大坂町奉行に差し出した最後の付け替え嘆願書と推定される。

ているものがなく、今に伝わる数少ないものからの考察になるが、その推移を見ておきたいと思う。

まず、貞享四年（一六八七）の年初と推定される《乍恐御訴訟》は、「船橋村前より堺の北の方の海までの川違え」を望んだものであるが、「河州摂州水所村々【一五万石余】之百姓共」とあり、一般認識の規模よりずっと大きい。石川合流後の大和川水系や深野・新開池廻りで、付け替えにより迷惑を被る河州志紀郡を除いた、河内国の河内・若江・讃良・茨田・高安・大県・渋川郡と摂津国の東成郡の計八郡全体で一六〜一七万石であるので、その九割に相当する、およそ二七〇か村と推定される。

残念ながら、これ以前の訴状は見つかっていないが、明暦三年（一六五七）頃と思われる下河内百姓の江戸への訴えの頃は、その被害程度からみても、それほど多くの村々の賛同の下に運動が進められたとは考えにくく、恐らく、延宝二年（一六七四）の寅年大洪水以降に、この規模に拡大したのではと推測される。しかし、これが、結果的に最後の付け替え嘆願書となる。そうなった事情を見よう。

## 付け替え嘆願終焉の背景と経緯

五回目の付け替え検分も行なわれた天和三年（一六八三）、若年寄・稲葉正休を長とする幕府の本格的調査の結果、山々での濫伐禁止と植樹奨励、淀川河口付近の水捌け改修工事で事足り、大和川の付け替えは不必要とする河村瑞賢の意見が採用され、翌年から三年がかりの治水工事が行なわれた。

その幕府工事の終了後、貞享四年（一六八七）一月、今後は地元で管理し絶えず川浚えを実施するよう通達があり、大坂町奉行下に川奉行が設置され事に当ることになった。この方針が、前述の嘆願で農民に伝わったことにより、明暦三年頃から始まった付け替え運動は三〇年で幕を降ろすことになる。

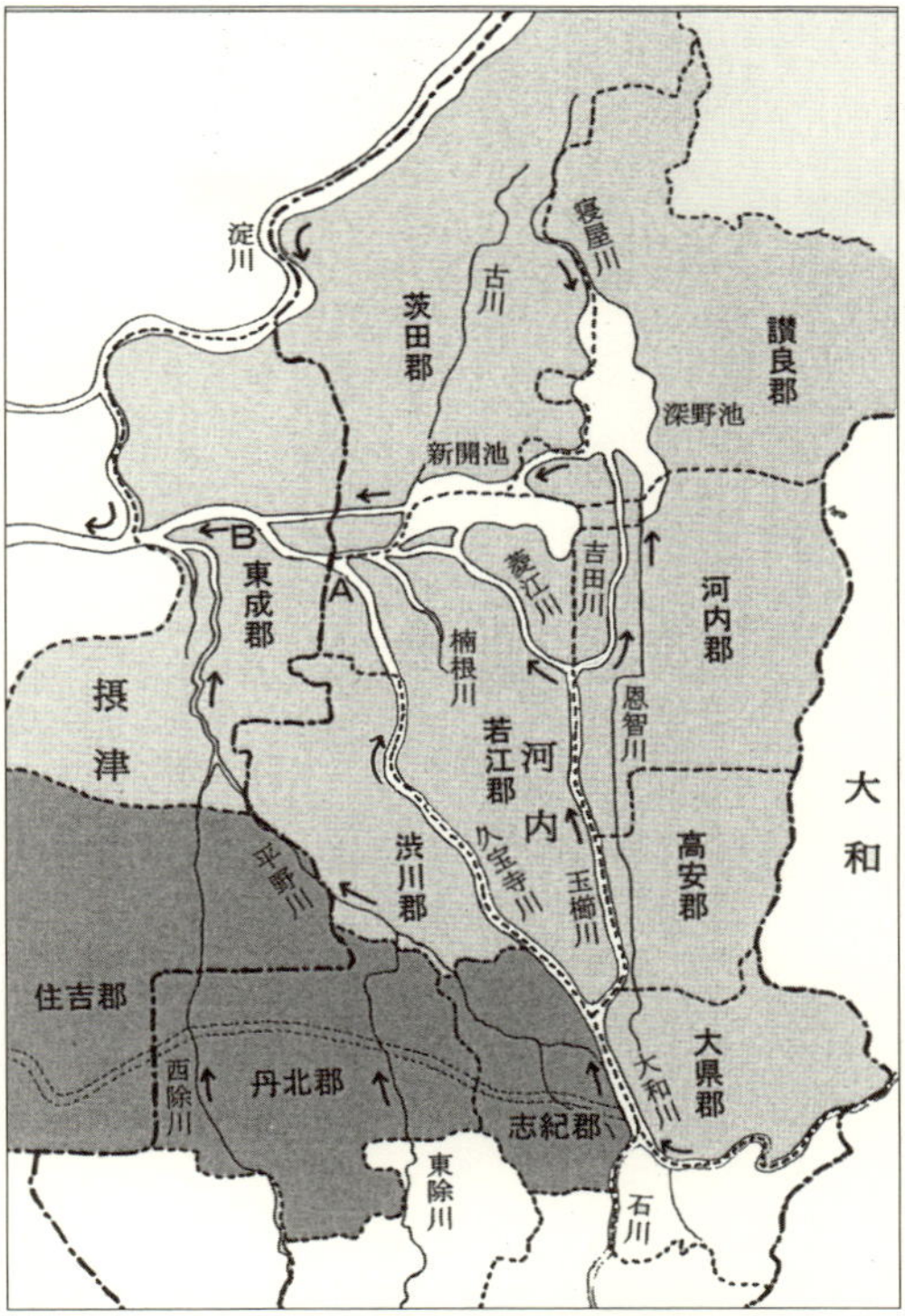


**図９　付け替えを望んだ地域と迷惑を訴えた地域図**
共に、摂津と河内の両国にまたがり、主として古大和川筋と深野・新開池に接する８郡（縦書）が付け替えを望み、予定川筋に近い３郡（横書）が迷惑を訴えた。
Ａ：大和川水系が集中する河州森河内村辺り。
Ｂ：のちの河村瑞賢の工事でこれより下流の水捌けが改善される摂州鴫野村辺り。

## 付け替えを断念した村の運動規模の推移

①貞享四年（一六八七）三月の《乍恐御訴訟言上》は、付け替え不要の結論が村々にも伝わった後のもので、「法善寺前二重堤の復元」と「放出新川掘削」などを願っている。放出新川とは、玉櫛川の下流改善の

**表3　大和川新開池深野池隣接部の村々**（河内国志紀郡を除く）

| | 正保（1644〜48） | 元禄（1688〜1704） | |
|---|---|---|---|
| 河内国河内郡 | 14,616石 | 15,229石 | 26か村 |
| 若江郡 | 34,078 | 35,482 | 52か村 |
| 讃良郡 | 10,365 | 11,021 | 32か村 |
| 茨田郡 | 36,308 | 38,300 | 81か村 |
| 高安郡 | 6,088 | 5,705 | 14か村 |
| 大県郡 | 4,818 | 4,708 | 11か村 |
| 渋川郡 | 21,522 | 21,808 | 25か村 |
| 摂津国東成郡 | 32,714 | 35,772 | 57か村 |
| 計 | 160,509石 | 168,025石 | 298か村 |

正保年間は『河内国一国村高控帳』『摂州村々高書』、元禄年間は『元禄郷帳』による。　（『角川日本地名大辞典／大阪府』による）

もので、吉田川入口を堰き止めて菱江川一本とし、森河内より先に伸ばし、鴫野辺りの水捌けの良くなった摂津国に入ってから久宝寺川に流入させようとの考えである。また、吉田川の封鎖は新開池への大和川の流入を避けることも目論んでいた。文中には「河州水所村々【七万石余】之百姓共」とあり、「河内・若江・讃良・茨田・高安郡」との奥書があって、およそ一四〇か村と推定される。

②同規模の、貞享四年四月の《乍恐御訴訟》と、八月の《乍恐口上書を以言上》では、「河州玉櫛川筋深野池新開池并楠根川へ悪水出シ申村々水所【七万石余】之百姓共」とあって、幕府の方針が明確になったことに加えて、下流域の水捌けが良くなった摂州東成郡と、法善寺前二重堤前の流失で、増水時も心配のなくなった河内国の久宝寺川筋村々（渋川郡と若江郡の一部）が脱退したことがわかる。

③元禄二年（一六八九）一二月の《乍恐御訴訟》では、「河州深野池新開池并楠根川へ悪水出シ申村々水所【三万石余】之百姓共」で「河内・若江・讃良・茨田郡」のおよそ六〇か村と推定される規模にまで縮小した。高安郡など玉櫛川筋村々も脱退したのである。

④元禄一五年（一七〇二）頃の訴状は残っていないが、運動を続けている村は四二か村で、河州四郡二万石余と推定される。深野・新開池へ悪水を流し込んでいる村々と考えられる。

なお、付け替えが願えなくなってから、運動参加の村々を示す川の名に「吉田川・菱江川」が見られないが、今米村など両川筋の村々は直接新開池へ悪水を出していたので、両川筋に沿う村々も最後まで含まれることになる。

## 付け替え計画復活の背景と経緯

元禄一五年頃、前項④の、水所検分に来た江戸役人への水引普請訴えの直後、事態は急転するが、それに至る事情を見る。

①元禄一一年（一六九八）四月から翌年二月まで、河村瑞賢の二度目の普請が行なわれると共に、それまで水の流れを妨げるものとして禁止されていた、深野・新開池の一部や淀川河口の新田開発が認められる。工事を終えた河村瑞賢は江戸に戻り六月に他界する。(16)

②工事終了直後も池周辺の状況は改善されず、年貢が全額免除される村が出るほどの水害が起きている。《河州河内郡今米村免定之事》(17)によると、村高二四五石二斗二升三合に対し、元禄一三辰年（一七〇〇）の毛付はわずか二三石五斗三升八合にすぎなかった。さらに翌元禄一四巳年（一七〇一）は「当巳年水損皆無に付き御成箇全免」と記されている。水害による本年貢の全額免除である。他村の被害状況は詳らかに出来ていないが、天井川や高くなった池の堤防で囲まれる周辺の状況から、一か村の事態とは考えにくい。

③この連年水害の水引普請を願っているのが先の四二か村で、この時、万策尽きた最後の手段として、幕府側から大和川付け替えが打ち出される。その経緯を、後年、甚兵衛の息子である中九兵衛が親族に宛てた手紙《口上》(18)の中で、次のように綴っている。

「先年の川違御用について。江戸からのお役人が水所検分された時、四二か村が申し合わせて水引の御普請をお願いしたところ、その件は取り合わずに、付け替えの検討をするようになったと言われた。堤奉行様がご担当とい

**表4　幕府筋による大和川付け替え検分一覧**

| | 検分年月日 | 検分役人 | 新川牓示筋 | 計画に迷惑を表明した村々 |
|---|---|---|---|---|
| ① | 万治3年（1660） | 片桐石見守貞昌（大和小泉藩主）<br>岡田豊前守善政（勘定奉行） | 弓削・柏原村領<br>⇒住吉手水橋 | 縄筋と水損・日損場と化す村々<br>（志紀郡・丹北郡・住吉郡） |
| ②<br>○ | 寛文5年（1665）<br>12月 | 松浦猪右衛門信定（小姓組）<br>安倍四郎五郎政重（書院番） | 柏原村領<br>⇒住吉手水橋 | 縄筋と水損・日損場と化す村々（28）<br>（志紀郡・丹北郡・住吉郡） |
| ③ | 寛文11年（1671）<br>10月 | 永井右衛門直右（寄合）<br>藤掛監物長俊（寄合） | 柏原・船橋村領<br>⇒住吉手水橋 | 杭筋と水損・日損場と化す村々<br>（志紀郡・丹北郡・住吉郡） |
| ④<br>☆ | 延宝4年（1676）<br>3月15日 | 彦坂壱岐守重紹（大坂町奉行）<br>高林又兵衛（船手頭） | 柏原・船橋村領<br>⇒住吉手水橋 | 新川と水損・日損場と化す村々（29）<br>（志紀郡・丹北郡・住吉郡） |
| ⑤<br>★ | 天和3年（1683）<br>4月21日 | 稲葉石見守正休（若年寄）<br>彦坂壱岐守重紹（大目付）<br>大岡備前守清重（勘定奉行）<br>河村瑞賢・伊奈半十郎 | 船橋村⇒田辺村⇒<br>A⇒安立町<br>B⇒阿倍野村 | 川筋と南表（水損場と化す）村々（27）<br>（志紀郡・丹北郡・渋川郡・住吉郡・<br>東成郡） |
| ⑥<br>◎ | 元禄16年（1703）<br>4月6日 | 万年長十郎（堤奉行）<br>小野朝之丞（堤奉行） | 柏原村⇒住吉 | 川筋と水損・日損場と化す村々（33）<br>（志紀郡・丹北郡・住吉郡） |
| | 5月 | 稲垣対馬守重富（若年寄）<br>荻原近江守重秀（勘定奉行）<br>西尾織部（目付） | | ＊括弧内の数字は村数を示す |

1・3回目の検分時での、迷惑を表明した村名や数は伝わっていない。

うことで、四二か村が揃って出頭したところ、〔大勢で来るには及ばない。山方と六郷の代表として、水走村の弥次兵衛と今米村の甚兵衛が来るように〕と指示された。両人は一、二度出かけたが、色々の質問に答えるのは父だけだったので、その後は〔甚兵衛一人でよい〕と言われ、父ばかりが出頭するようになった。これにより、川違御用中は父親と私をはじめ四、五人が相詰め、二月より一〇月まで勤めた。」

### 付け替え検分と迷惑の訴え

これまで見た万治から元禄の間、付け替え検分、すなわち計画川筋を現地に示すことは、最終決定までに六度行なわれている。川筋はほぼ、柏原あたり住吉安立町南の手水橋に至るものであったが、かなり北寄りに振られることもあった。

当然、その度に計画川筋近辺の村々から迷惑の訴えが起きた。大体は自らを「河内国の志紀郡・丹北郡と摂津国の住吉郡の百姓」で「縄筋・杭筋・新川・川筋と水損場あるいは日損場と化す村々」と呼んでいる。要するに、新川で田畑が川底となってしまう村々や、南からの流れが新川堤防で遮断されて水捌けが悪くなり水害を受けや

表5　大和川付け替え検分に迷惑を表明した村々

| 河内国の村々 | | | | | | | | 摂津国の村々 | | | |
|---|---|---|---|---|---|---|---|---|---|---|---|
| 郡名 | 村名 | ②③④⑤⑥ | 石高 | 郡名 | 村名 | ②③④⑤⑥ | 石高 | 郡名 | 村名 | ②③④⑤⑥ | 石高 |
| 丹北 | 木之本＊ | | | 志紀 | 船橋 | ☆★◎ | 148 | 住吉 | 東喜連 | ★ | 326 |
| | 東木本 | ☆ | | | 柏原 | ○ ☆★◎ | 1,419 | | 中喜連 | ★ | 682 |
| | 西木本 | ○ ☆★◎ | 562 | | 北条 | ☆★◎ | 301 | | 西喜連 | ★ | 827 |
| | 太田 | ○ ☆★◎ | 321 | | 大井 | ☆★◎ | 1,168 | | 南田辺 | ★ | 877 |
| | 津堂 | ◎ | 477 | | 沼 | ○ ☆★◎ | 450 | | 松原新田 | ★ | 25 |
| | 長原 | ○ ☆★◎ | 1,122 | | 太田 | ○ ◎ | 1,610 | | 猿山新田 | ★ | 97 |
| | 吉冨 | ★ | | | 小山 | ◎ | 1,079 | | 寺岡 | ★ | 810 |
| | 辰巳 | ☆★ | | | 西弓削 | ○ ★ | 1,418 | | 苅田 | ○ ◎ | 788 |
| | 出戸＊ | | 746 | | 田井中 | ○ ★ | 875 | | 庭井 | ○ ☆ ◎ | 305 |
| | 東出戸 | ★ | | | 北木本 | ★ | 266 | | 我孫子 | ○ ☆ ◎ | 751 |
| | 西出戸 | ★ | | | 南木本 | ○ ★ | 820 | | 杉本 | ○ ☆ ◎ | 690 |
| | 六反 | ★ | 667 | | 国府 | ◎ | 418 | | 山之内 | ○ ☆ ◎ | 458 |
| | 川辺 | ○ ☆ ◎ | 581 | | 林 | ◎ | 421 | | 遠里小野 | ○ ☆ ◎ | 1,579 |
| | 若林 | ○ ☆ ◎ | 484 | | 沢田 | ◎ | 413 | | 七道 | ○ ☆ ◎ | 90 |
| | 別所 | ○ ☆ | 432 | 渋川 | 竹渕 | ★ | 756 | 東成 | 阿倍野 | ★ | 300 |
| | 三宅 | ○ ☆ | 1,664 | | | | | | | | |
| | 瓜破＊ | ○ | 2,825 | | | | | | | | |
| | 東瓜破 | ☆ ◎ | | | | | | | | | |
| | 西瓜破 | ☆ ◎ | | | | | | | | | |
| | 住道 | ○ ☆★◎ | 982 | | | | | | | | |
| | 矢田部 | ○ ☆ ◎ | 976 | | | | | | | | |
| | 城連寺 | ○ ☆ ◎ | 466 | | | | | | | | |
| | 池之内 | ○ ◎ | 588 | | | | | | | | |
| | 枯木＊ | ○ ◎ | 398 | | | | | | | | |
| | 北枯木 | ☆ | | | | | | | | | |
| | 南枯木 | ☆ | | | | | | | | | |
| | 油上 | ○ ☆ ◎ | 313 | | | | | | | | |
| | 芝 | ○ ☆ ◎ | 345 | | | | | | | | |

② ○ 寛文　21＋7＝28か村　18,651＋4,661＝23,312石余
④ ☆ 延宝　23＋6＝29か村　14,957＋3,873＝18,830石余＋α
⑤ ★ 天和　19＋8＝27か村　12,021＋3,944＝15,965石余＋α
⑥ ◎ 元禄　26＋7＝33か村　17,867＋4,661＝22,528石余

・①万治と③寛文11年の村名は未詳
・石高は『河内国中支配所領物高輯録』『摂津国各村草高帳』などによる
・＊印の村名は分村の時期があり、その村名は一段ずらして表記した
・④延宝の訴状に見える西川村は西瓜破村と同一と判断した
・吉富と辰巳（巽）は隣接する長原村のうちと見られる

②～⑥は表4に対応。③の迷惑を表明した村名は伝わっていない。④は下流域がかなり北寄りに振られたので、迷惑訴状には、阿倍野村・猿山新田・松原新田・南田辺村・竹渕村などが名を連ね、実施川筋近くの村々の名は見られない。

すくなる新川の南側堤防に近い村々、逆に水が流れて来なくなって水不足となり日照りの害を受けやすくなる新川の北側堤防に近い村々である。

北寄りのルートの時は、渋川郡や東成郡の一部の村も加わっているが、逆に住吉郡などで抜ける村々も出てくる。したがって、ルートの違いによる規模の変動はほとんどなく、ほぼ三〇か村・二万石の村々が検分の度に迷惑を訴えている。元来、付け替えを願っていた村々の規模とは比較にならないほど小さいものであったが、最終的には、運動を続けていた村々の規模とは、ほぼ均衡する形となった。

## おわりに

以上、拙家文書を中心に、駆け足で半世紀近くに及ぶ大和川付け替え運動期間の足どりを見てきた。ただ、古文書に見られるままの表面的な事例を述べたに留まり、基礎的な資料を提供したにすぎない。今後、専門的な立場からの様々な考察が展開されることを期待して終りたい。

**註**

（1）昭和二九年（一九五四）の大和川付け替え二五〇周年に際して、大和川付替二百五十年顕彰事業委員会が主導した、「大和川付替二百五十年記念碑」『治水の誇里』『大和川付替工事史』の三つの記念物が原典となっている。

（2）冨士秀憲『河内の夜明け』（昭和四七年）・藤原秀憲『大和川付替工事史』（昭和五六年）・北田敏治『大和川』（昭和五九年）などが、参考・引用文献としてよく利用されている。

（3）『志紀村史』（昭和三〇年）・『柏原町史』（同）・『八尾市史』（昭和三三年）・『枚岡市史』第一巻（昭和四二年）・『布

施市史』第二巻（同）・『柏原市史』第三巻（昭和四七年）・『大東市史』（昭和四八年）・『大阪府史』第五巻（昭和六〇年）・『松原市史』第一巻（同）などに、大和川の付け替えが採り上げられた。

(4)「大和川の付替え工事」と「中甚兵衛」の二基。平成一六年一一月六日に除幕式。追って、平成一七年二月二四日には、現在は末吉茂家所有地である甚兵衛生家跡地に、「中家屋敷跡」のポール型の顕彰碑が設置された。

(5) 柏原家文書、延宝四年辰三月、『八尾市史』史料編、五四五～五四六頁。

(6) 国学院大学図書館所蔵、寛文六年午正月一二日、『久我家文書』第三巻、五二七～五三二頁。

(7) かつては久宝寺川の分流で、七～九世紀頃には大和川の本流の時期があり（阪田育功「河内平野低地部における河川流路の変遷」『河内古文化研究論集』平成九年）、河内川とも呼ばれ、和気清麻呂が海への放水路造りを試みた。筆者は万葉集四四五八の於吉奈我河をこの川と推定している。

(8) 長谷川家文書、寛政八年二月、篠山十兵衛役所宛、河州丹北郡城連寺村、『松原市史』第五巻、一六四～一六九頁。

(9) 従兄弟である北条村一玄との係争関連文書、元禄六年一月、金丸又左衛門宛、今米村甚兵衛。

(10) 柏原家文書、元禄一六年未五月、『八尾市史』史料編、五五一～五五二頁。

(11) 徳川実紀・万治三年八月廿四日条、『大阪編年史』第五巻。

(12) 志村家文書、文政一三年「吉田村明細帳」所収、万治四年丑三月廿六日「悪水抜減地年貢請米之事」、『東大阪市史』資料第六集二・河内国河内郡明細書、八六～八七頁。

(13) 柏原家文書、年号空欄、『八尾市史』史料編、五四九～五五〇頁。

(14) 明暦二年一一月二四日歿、釈道専、俗名・享年ともに不詳、存命中の付け替え運動・幕府の検分など史実のごとく語られることが多いが、その時代にまで遡る史料的裏付けはとれない。

(15) 寛文六年二月二日、大老久世大和守・老中稲葉美濃守らの名で発令、同三月二五日には大坂町奉行石丸石見守から摂津・河内国村々に通達された。

(16) 元禄一二年六月一六日、享年八二。

(17) 明和九年「今米村免定写」所収。

(18) 丑正月としかないが、文面から延享二年または宝暦七年のもの。中新開村善左衛門宛、中九兵衛重豊。

# 宝永元年大和川付け替えの歴史的意義

村田　路人

## はじめに

宝永元年（一七〇四）二月から一〇月にかけ、大和川を河内国志紀郡柏原村から堺方向へ、すなわち真西へ付け替える普請が行なわれた。それまで大和川は、柏原村の南で、南から流れてくる石川を合わせたあと、北方向に流れ、大坂城の北で淀川と合流していた。古代以来、大和川が流れる中河内を中心とする地域は水害頻発地域として知られていたが、この付け替え普請により、淀川と大和川は分離され、当該地域は大和川の水害から免れることになった。普請は、当初播磨国姫路藩本多氏による大名手伝普請として行なわれたが、普請途中に藩主本多忠国が死去したことにより、いったん中断することになった。だが、ほどなく幕府によって再開され、その後、畿内近国の五大名（最初は、和泉国岸和田藩岡部氏、摂津国三田藩九鬼氏、播磨国明石藩松平氏の三大名、のち、丹波国柏原藩織田氏および大和国高取藩植村氏が加わる）が手伝いを命じられた。付け替えにより、柏原以北の旧大和川の川筋は用水路となり、川床や堤防敷地は新田となった。

さて、この日本治水史上に残る大事業は、さまざまな観点から分析することができる。第一は、付け替え実現にいたる大規模訴願運動という観点である。中甚兵衛らを中心とする付け替え推進派村々による訴願運動と、付け替え反対派村々による訴願運動は、ともに近世前期における広域的な村々連合による大規模訴願運動の例としても注目されるものである。

第二は、近世前期における幕府の上方（畿内近国）治水政策という観点である。当時の上方地域、とりわけ摂津・河内両国における治水上の問題点と大和川付け替えとは、いかなる関係にあったのか、付け替え事業と、それに先行する寛文期の畿内河川整備事業（寛文五年〔一六六五〕～同一一年）、および貞享・元禄期の河村瑞賢らによる畿内河川整備事業（貞享元年〔一六八四〕～同四年、元禄一一年〔一六九八〕～同一二年）との関連はいかなるものか、などが問題となる。いわば、付け替えの前提というべき側面である。

第三は、付け替え普請の実施過程という観点である。付け替え普請は大名手伝普請として行なわれ、部分的には幕府も普請を担当した。八か月の間、普請はどのような計画のもと、どのように進められたのか、また、大量の人足はどのように動員されたのか、といったことが課題となる。

第四は、付け替え普請の治水技術史上における意義という観点である。八か月という短い期間で付け替えが実現した背景には、さまざまな治水技術上の工夫があったことと思われるが、それはいかなるものであったのか。また、この普請で用いられた技術が、のちの治水事業にどのように受け継がれたのか、などである。

第五は、付け替えの影響という観点である。用水体系や交通体系の変化、川床となった土地の補償、地域社会における諸関係の変化、新川が出現したことによる新たな水害の危険性の発生、旧大和川筋における新田の開発と新村の形成、綿作の発展、新川出現による堺港の土砂堆積と堺の衰退など、付け替えの影響は計り知れない。

第六は、徳川綱吉（第五代将軍）政権（一六八〇～一七〇九年）の性格と、付け替え普請との関連という観点である。いうまでもなく、大規模治水事業は、その時々の政権の性格と無縁ではない。というより、まさに政治の所産といってよいものである。付け替え普請は、大名手伝普請という形で行なわれたが、このような形式による治水事業は、約一世紀ぶりのことであった。このあと矢継ぎ早に大名手伝普請による河川普請が行なわれるようになるが、これは綱吉政権の性格を抜きにして論ずることはできない。

以上のように、大和川付け替え普請は、さまざまな角度からアプローチすることが可能であるが、ここでは、一七世紀中後期段階の摂津・河内地域が抱えていた治水上の諸問題、また当時の当該地域における幕府治水政策との関連において、この事業を考えることにする。すなわち、第二の観点から、大和川付け替え普請を検討しようとするものである。このテーマについては、これまでもある程度分析が行なわれており、また筆者自身も部分的に検討を加えている。本稿は、それらの成果をふまえつつ、第二の観点における大和川付け替えの歴史的意義を包括的に整理・把握することを目的としている。(1)

## 一、一七世紀摂津・河内地域における治水問題

これまでも指摘されているように、(2)一七世紀中期になると、淀川・大和川上流部における土砂流出問題が顕在化するようになる。次の史料は、そのことをよく示すものである。

（史料1）(3)

山城・大和・伊賀三ヶ国の山々木の根掘候ニ付、洪水の節淀川・大和川へ砂押流埋候間、向後不掘木根様、其上以連々植苗木候様ニ急度可被相触之者也

万治三子三月十四日

美濃（老中稲葉正則）
豊後（同阿部忠秋）
伊豆（同松平信綱）

水野石見殿（上方郡代水野忠貞）
五味備前殿（同五味豊直）
中坊美作殿（奈良奉行中坊時祐）

右之通、従御老中申来候間、藤堂大学頭殿（高次）領分村々堅可被申付候、砂山ニ松其外苗木年々植候様ニ急度被申付
尤ニ候、以上

子四月十九日　中美作守（中坊）

藤堂大学頭殿（高次）
家老衆中

これは、万治三年（一六六〇）三月一四日付で、稲葉正則・阿部忠秋・松平信綱の三老中から上方郡代水野忠貞・同五味豊直および奈良奉行中坊時祐に対して出された指示を、同年四月一九日付で、中坊が伊勢国津藩主藤堂高次の家老に伝えたものである。老中の指示の内容は、「山城・大和・伊賀三か国の山間部での木の根掘り取りにより、洪水時に土砂が淀川・大和川筋に流出して川床に堆積するので、今後は木の根を掘り取らぬようにし、さらに苗木を継続して植えるよう厳しく触れられよ」というものである。中坊の指示では、植えるべき木として、松その他をあげている。当時、藤堂氏は伊賀・伊勢・山城・大和に所領を有していた[4]。したがって、これは、大和一国

の広域支配権を有する中坊が藤堂氏に、大和国の同氏領内における木の根掘り取り禁止と植林励行を要請したものであろう。山城国に所領を有する諸領主には、同様の形で、水野・五味が指示したものと考えられる。

ついで寛文六年（一六六六）二月、いわゆる山川掟が出される。

（史料2）(5)

山川掟之覚

一近年ハ山々草木之根まて掘取候故、風雨之時分川筋へ土砂流出、水行滞候間、自今以後草木之根掘取候儀可為停止事

一川上左右之山方木立無之所ニハ、当春より木苗を植付、土砂不流落様可仕事

一従前々之川筋河原等に新規之田畑起之候儀、或竹木・葭萱を仕立、或新規之築出しいたし、川面をせはめ申ましき事

附、山中焼畑新規に仕間鋪事

右条々堅可相守、来春御検使被遣之、此掟之趣違背無之候哉可為見分之条、摂州・河州両国へ可令触之旨、従御老中被仰下之間、如此候、以上

寛文六年二月廿五日　　石丸石見守（大坂町奉行石丸定次）

山川掟は、一般的には「御当家令条」や「徳川禁令考」(6)に載せられている、寛文六年二月二日付の四老中（久世広之・稲葉正則・阿部忠秋・酒井忠清）連署のものがよく知られているが、それは、老中からおそらく京都町奉行に対して出されたものである。ここでは、現地に残る史料の中に見出せる山川掟を掲げた。発給者の石丸石見守（定

次）は大坂町奉行である。三か条の内容の遵守と、翌春の検使派遣について、摂津・河内両国に触れるよう、老中から石丸に指示があり、それを受けて石丸が発給したものである。おそらく石丸は、摂津国または河内国に所領を有する諸領主に、この「山川掟之覚」を与えたものと思われる。

三か条の内容は、近年は草木の根まで掘り取るので、風雨の際、川筋に土砂が流出して水の流れが滞る、したがって、今後は草木の根を掘り取ることを禁止する（第一条）、河川上流部で、木が生えていないところには、今春から木の苗を植え、土砂が流出しないようにせよ（第二条）、以前からの川筋の河原などに新田を開発すること、川中に竹木・葭萱による新規の突き出し（水制工の一種で、川の流れを制御したり、流れの向きを変更したりする工事）を行ない、川幅を狭めること、山中に新規に焼畑を行なうことは、いずれも禁止する（第三条）、というものである。万治三年令（史料1）と較べると、同令をほぼ再令したものといってよい第一・第二条に、新たに第三条を加え、内容強化を図ったといえる。

さて、万治三年令および寛文六年令は、一七世紀中後期に淀川・大和川筋やその上流山間部で進行していた事態を幕府当局者が認識して発せられたものである。その認識とは、（イ）淀川・大和川筋の上流部においては、木の根の掘り取りや、植林を伴わない樹木の伐採が原因で、洪水時に土砂が流出し、川床が上昇している、（ロ）河川敷などに新田畑を開発するために、川筋に土砂が流出している、（ハ）突き出しにより川筋が狭められ、スムーズな水の流れが阻害されている、というものである。（ロ）については、史料2からだけではそのようにはいえないが、貞享元年（一六八四）三月に出された三か条の「覚」[7]の第三条目に、「前々よりの川筋山畑、河原等ニ有之新田畑ハ不及申、縦古田畑にて高之内たりといふとも、川筋え土砂流出所は荒之、其跡え木苗・竹木・葭・萱・芝等可植立」とあるところを見ると、川筋の新田畑開発が土砂流出の原因と理解されていたことは間違いないだろう。

これらは、あくまでも幕府当局者の分析によるものであるが、その認識は、おそらく的を射たものであっただろう。なお、万治三年令では継続的な植林を命じているにもかかわらず、寛文六年令で「当春より木苗を植付」とあり、また、貞享元年令でも「川筋左右之山方木立無之所々、土砂流出之間、従当春木苗、芝の根を植立、川え土砂不流落様ニ可仕事」（第二条）とあるように、植林はあまり進んでいなかった。木または木草の根の掘り取り禁止も、三令を通して触れられている。このように、幕府はとりあえず解決策を示したが、必ずしもそれが遵守されていなかったことも、あわせて指摘しておきたい。

このように、一七世紀中後期の淀川・大和川筋においては、土砂流入と、その結果としての川床上昇、水制施設の設置による水行滞りという事態が進行していた。このことは、大雨などを原因とする洪水の際、溢水や堤防決壊による水害を招く危険性を増大させることになった。

では、この時期の川床上昇は、どの程度のものであったのだろうか。これについては、中好幸（九兵衛）氏がすでに明らかにしている。氏は、大和川筋沿岸の村ごとに、それぞれの村が抱える堤防の長さ、五〇年間にどれだけ川筋が上昇したのか、そのうち一〇年間の上昇はどれくらいか、田地と川との高さの差はいくらかなどを記した延宝三年（一六七五）八月作成の絵図を紹介し、寛文六年（一六六六）から延宝三年までの一〇年間の川筋上昇率が、それ以前の四〇年間の川筋上昇率よりも高かったとしている。[8] ここでいう川筋上昇と川床上昇とは、ほぼ同義としてよいが、たとえば、河内国河内郡今米村についていえば、五〇年間の川筋上昇が一丈二尺（絵図記載では「五拾年以来川筋壱丈弐尺高罷成」）、そのうち寛文六年から延宝三年までの上昇は六尺（同じく「内拾年此間川六尺高成」）、また、田地からの高さは一丈（同じく「田地ゟ川壱丈高」）であった。

氏は、大和川を構成する各河川（長瀬川〔久宝寺川〕・玉串川に分かれるまでの大和川、長瀬川〔久宝寺川〕、玉串川、吉田川、菱江川）の左岸および右岸を単位として、五つのブロックを設定し、右の各項目についての一覧表を作成しているが、[9] それをもとに、各ブロックにおける五〇年間の川筋上昇の平均値を示すと、次のようになる。なお、あとの括弧内の数字は、寛文六年から延宝三年までの一〇年間の平均値である。

大和川および長瀬川左岸（一四か所）　一〇・八尺（六・二尺）
長瀬川右岸（一五か所）　一〇尺（五・一尺）
菱江川右岸・吉田川左岸（八か所）　一二・一尺（五・九尺）
玉串川左岸・菱江川左岸（一七か所）　八・七尺（四・九尺）
大和川右岸・玉串川右岸・吉田川右岸（一六か所）　一〇・一尺（五・二尺）

五〇年間のうちに、一〇尺（一丈）すなわち約三メートル前後の川筋上昇がみられ、うち半分強は、寛文六年から延宝三年までの一〇年間の上昇によるものであったことがわかる。もっとも、あとの点については、この調査の直前に発生した未曽有の大水害である延宝二年・同三年の大水害による土砂堆積を考慮すると、寛文後期～延宝初年に川筋上昇率が加速度的に増加したと即断することはできない。

この絵図に記された数値の根拠や調査方法については明らかではなく、数値の信憑性にも問題が残るが、一応の目安とすることは許されるであろう。一七世紀中後期における土砂流出と、それを原因とする水害の危険性の増大は、当該地域にとって、きわめて深刻な問題であった。

## 二、一七世紀摂津・河内地域における大河川治水システム

### （1）一七世紀中期以前の大河川治水システム

前章で見たような状況に対して、幕府は、万治三年（一六六〇）令（史料1）や寛文六年（一六六六）令（史料2）、また貞享元年（一六八四）令を出すにとどまったのかといえば、もちろんそうではない。堤防および護岸・水制施設の修復や、日常的な河川管理のシステムを構築していた。ここでは、摂津・河内地域における当時の幕府治水システムの中心を占めていた大河川治水システムについて見ておこう。正保三年（一六四六）二月、老中阿部重次・同阿部忠秋から大坂町奉行曽我古祐・同久貝正俊に対して、次のような指示が与えられた。

（史料3）(10)

摂州・河州大川通之堤破損ニ付而修復之儀小出伊勢守伺　上意候処、此以前ゟ如御定小破之時者其近所之御領（料）・私領之以人夫可申付候、若其近辺斗之人足にて難成於御普請ハ以国役之人夫可申付之、及大破者御勘定所迄伺之、其上日用ニ而可令修補候、但此度之御普請ハ其近所之人夫斗ニ而ハ難成ニ付而、以国役之人足可申付旨被　仰出候、被得其意、豊嶋十左衛門・中村杢右衛門断次第右両国へ人足可被相触候、恐々謹言

これは、河内国石川郡太子村にある叡福寺に残された折紙の文言の一部である。文意は、「摂津・河内両国の大河川の堤防破損について、小出伊勢守（吉親、寛永一九年〔一六四二〕一〇月以降「上方の郡奉行」(11)）が上意を伺ったところ、①小破のときは、修復箇所付近の幕領・私領の人足によって修復せよ、②修復箇所付近の人足だけでは手に余る場合は、国役の人足によって修復せよ、③大破のときは、勘定所の了解を得た上で、国役人足に日用人足を

加え修復せよ、④今回の普請は、修復箇所付近の人足だけでは実現不可能なので、国役の人足によって行なうように、というご指示であった。このことを了解し、豊嶋十左衛門・中村杢右衛門の要請があり次第、両国に人足役を課されよ」というものである。

「摂州・河州大川通」とは、摂津国または河内国の中を流れる大河川、すなわち淀川・大和川・神崎川・中津川・石川のことを指す。豊嶋・中村は堤奉行である。堤奉行は、原則として大坂代官のうちの二名が兼帯するもので、摂河両国の河川支配をつかさどっていた[12]。また、国役とは、一国あるいは複数国全体に対し、幕領・私領の区別なく石高を基準に課す役のことであり、そのようにして徴発された人足が国役人足である。史料3の省略した部分によれば、右の指示を受けた大坂町奉行が、四月一〇日付で叡福寺寺社方に対して、堤奉行豊嶋・中村のもとに参り、両人の指図を受けるよう命じているが、このことからもわかるように、国役賦課は、領主の所領ごとに行なわれた。

さて、「此以前ゟ如御定」とあるように、正保三年までの摂河両国における大河川の堤防修復は、破損の程度により、①②③の各段階を設けて行なわれていた。これが一七世紀前半期の大河川治水システムである。ところが、その後間もなく、このシステムは大きく変更されることになる。

（2）一七世紀中期以降の大河川治水システム―国役普請制度―

承応二年（一六五三）六月七日、大坂町奉行松平重次・同曽我古祐から、摂津国または河内国の大河川沿岸に所領を有する二三名の領主に対して「覚」が回された。それは、「摂州・河刕大川表堤川除御普請」が堤奉行豊嶋十左衛門・同中村杢右衛門から命じられるであろうから、公家領は雑掌、給人知行地は代官が、来る一一日に大坂の両名宅に参集すること、というものであった。[13] この年以降享保六年（一七二一）まで毎年、摂河両国の大河川の堤防普請と川除普請（護岸・水制施設の修復）が、国役普請という形で行なわれることになった。

国役普請制度の詳細については、筆者がすでに明らかにしているので、[14] ここでは概略を述べるにとどめる。それは、おおよそ、（イ）毎年、堤奉行が摂津国または河内国に所領を有する個別領主に対し、国役普請が必要な修復箇所があればその目録を提出するよう要請する、（ロ）堤奉行はその目録をもとに現地を見分し、普請対象箇所を確定する、（ハ）幕府中央からの指示に基づき、大坂町奉行が摂津国または河内国に所領を有する個別領主に対し、それぞれ庄屋を一～二名、堤奉行のもとに参集させるよう命ずる（庄屋たちはここで、それぞれの所領から出すべき国役普請人足数、各所領に割り当てられた普請箇所などについての説明を受けたと思われる）、（ニ）堤奉行の指揮・監督のもと、国役普請が開始される、という手順で行なわれた。

前述のように、国役普請は、堤防普請と川除普請から成るものであるが、前者は国役普請人足によって、また後者は普請箇所近くから出される人足によって行なわれた。国役普請人足は、高一〇〇石につき五人または八人の割で課されたが、寺社領や公家領などは、賦課を免除された。摂津・河内両国の役高は約六三万石であるので、一〇〇石につき五人であれば三万人余り、八人であれば五万人足らずとなる。ただし、これは延べ人数である。

なお、国役普請人足は、形式的には各所領から出されることになっていたが、実際には所領ごとに存在する役請負人が所定の数の人足を提供した。この役請負人の多くは大坂の土木業者で、彼らはそれぞれの領主に出入りする用聞（支配の請負を業とする大坂町人で、用達ともいう）であることが多かった。（ハ）で各所領から庄屋が堤奉行のもとに参集する際、この用聞が同道することもあった。各所領村々は、役請負人に対し、所定の請負料を支払った。

このように、摂河両国における大河川の堤防および護岸・水制施設の修復については、承応二年以降、大規模普請が可能なシステムが整えられていた。普請箇所の多少によらず、毎年国役普請人足により普請が行なわれるようになったことは画期的なことであった。このシステムは、大河川から遠く離れ、直接水害を被ることのなかった村々にも等しく負担を負わせることにより、大規模普請を可能にするものであった。

また、役請負人の存在にも注目しておく必要がある。これは、国役普請人足を確実に確保することを保証することになった。すなわち、村々の負担能力の有無にかかわらず、まずは役請負人が国役普請人足を提供するため、国役普請人足役が滞ることはなかったのである。村々の負担は、実際には役請負人への請負料支払いという形をとるが、それは役請負人と村々との間で処理されるべきことがらであり、国役普請の遂行には影響を与えることはなかった。

以上、承応二年（一六五三）より、摂河両国の大河川の堤防修復および川除普請が、大坂町奉行と、幕府代官が兼帯する堤奉行の連携により、毎年国役普請という方式で行なわれていたことを述べた。これは、それ以前の治水システムを継承・発展させたものであるが、その背景には、第一章で見た淀川・大和川への土砂流出と、それに伴う洪水時における水害の危険性の増大という事態があったことは間違いないだろう。

## 三、幕府中央から派遣された役人による畿内川筋見分と河川整備事業

### (1) 派遣事例の一覧と分類

摂河地域の大河川の治水は、国役普請のみによって行なわれていたのではなかった。臨時的に幕府中央から派遣された役人によって、河川整備事業が行なわれることがあった。派遣役人による河川整備事業は、それだけで完結することもあったが、河川整備事業を機に、新たな治水制度が作られることもあった。

**表1　幕府派遣役人による畿内川筋の見分・普請**（慶安3年〔1650〕～元禄16年〔1703〕）

| 年 | 西暦 | 事　項 |
| --- | --- | --- |
| 慶安3 | 1650 | 7～9月　畿内洪水（8月3日条、同4日条、9月10日条）<br>〔閏10月3日条〕「今年洪水により五畿内并に江州巡視命ぜられたる伏見奉行水野石見守忠貞（略）いとまたまふ」<br>〔閏10月10日条〕「五畿内及江州水害の地巡視命ぜられし先手頭石谷十蔵貞清、大番頭中山勘右衛門信良、勘定組頭佐野主馬正周いとまたまふ」 |
| 承応元 | 1652 | 5月　淀・大坂洪水（5月19日条） |
| 万治元 | 1658 | 8月　大坂・摂津・河内等高潮・洪水（8月13日条） |
| 2 | 1659 | 5月　京大雨、鴨川・桂川洪水（5月29日条） |
| 3 | 1660 | 3月　土砂留令　※本文史料1<br>7～8月　畿内洪水（7月15日条、8月24日条、同27日条）<br>9月　諸国大洪水（9月20日条）<br>〔10月3日条〕「片桐石見守貞昌はじめ五畿内及び東海道辺堤防・橋梁の巡察命ぜられし大番士をよび勘定の徒いとま給ふ、（略）（大番）美濃部権之助茂正、長田喜左衛門重昌は大井川、（略）の奉行たるべしとなり、（略）石見守貞昌（略）五畿内巡察畢らば、貞昌は直に就封し、（勘定奉行岡田豊前守）善政は直に参府すべしと仰付られ、五畿内の修築奉行は在番士に命ずべしとなり」 |
| 寛文元 | 1661 | 〔2月28日条〕「勘定頭岡田豊前守善政はじめ、畿内水害の地巡察の輩帰謁す」<br>〔5月15日条〕「大番近藤助右衛門政勝、美濃部権之助茂正、長田喜左衛門重昌、洛外大井川辺堤防修築はてて帰謁す」<br>〔7月朔日条〕「大番花井治左衛門定義、山城国桂川堤防修築奉行畢て帰謁し奉る」<br>〔7月12日条〕「五畿内堤防成功によて、奉行せし大番近藤助右衛門政勝、金・時服・羽織給ふ」<br>〔7月18日条〕「大番花井治左衛門定義、山城国桂川堤防修築成功せしによて、金・時服・羽織をたまふ」<br>〔9月3日条〕「大番組頭酒井市郎右衛門貞治、大番前島十左衛門重勝は摂河両国堤防の奉行、（略）はてゝ帰謁す」<br>〔10月2日条〕「摂河堤防奉行大番酒井市郎右衛門貞治、前島十左衛門重勝、金五枚、小袖二づゝ給ふ、みな成功によてなり」 |
| 2 | 1662 | 6月　畿内・近江洪水（6月21日条） |
| 3 | 1663 | 5月　鴨川洪水（6月3日条） |
| 5 | 1665 | 〔5月朔日条〕「小姓組松浦猪右衛門信定、書院番阿倍四郎五郎政重、淀・木津・大和川巡視命ぜられ、ともに暇下さる」<br>5月　京・淀川洪水（6月13日条）<br>〔12月26日条〕「書院番阿倍四郎五郎政重、小姓組松浦猪右衛門信貞も淀川巡検はてゝ帰謁す」 |
| 6 | 1666 | 2月　土砂留令（山川掟）<br>※『徳川禁令考』4022、摂河両国には3月に伝達（本文史料2）<br>〔8月21日条〕「使番阿倍四郎五郎政重、書院番前田左太郎直勝、淀・大和・木津川堤防修築奉行命ぜられ、いとま給ふ」<br>〔12月28日条〕「使番阿倍四郎五郎政重、書院番前田左太郎直勝、信州（摂州の誤りか）堤防修築はてゝ帰り謁す」 |
| 7 | 1667 | 〔4月8日条〕「書院番前田左太郎直勝、伊奈五兵衛忠臣、淀川浚利巡察命ぜられ、ともにいとま給ふ、（略）書院番阿倍四郎五郎政重は先に二度淀川に赴き、左太郎直勝はこたび二度まかるによて、共に金十枚づゝ下さる」<br>〔8月28日条〕「淀川巡視にまいりし書院番前田左太郎直勝、伊奈五兵衛忠臣、帰謁す」 |
| 8 | 1668 | 〔12月15日条〕「此日永井右衛門直右、岡部主税助高成、藤懸監物長俊、淀川堤防修築奉行命ぜられ」 |
| 9 | 1669 | 〔正月15日条〕「寄合永井右衛門直右、岡部主税助高成、藤懸監物長俊は、淀川浚利奉行の暇給ふ」<br>〔閏10月28日条〕「寄合永井右衛門直右、岡部主税助高成、淀川浚利はてゝ帰り、共に拝謁す」 |
| 10 | 1670 | 〔5月10日条〕「寄合永井右衛門直右、采邑の暇給ふ、（略）寄合岡部主税高成、淀川浚利奉行をゆるさる」<br>8月　大坂高潮（8月29日条） |

**表1（つづき）**

| 年 | 西暦 | 事　　項 |
|---|---|---|
| 寛文11 | 1671 | 〔12月28日条〕「寄合永井右衛門直右、藤掛監物長俊、浚利の功畢り、(略)帰謁す」 |
| 延宝2 | 1674 | 4月　賀茂川洪水(4月17日条)<br>6月　淀川・大和川洪水、摂河各所堤防破損(6月22日条)<br>〔7月18日条〕「目付岡部左近勝重、五畿水害の地巡察命ぜられ、いとまたまふ、勘定の徒もおなじ」<br>〔12月25日条〕「目付岡部左近勝重并に勘定の徒、五畿巡察はてゝ帰謁す」 |
| 4 | 1676 | 5月　京・大坂洪水(5月14日条) |
| 6 | 1678 | 〔4月7日条〕「五畿巡察にまかりたる勘定八人帰謁す」<br>8月　鴨川・淀川・桂川・宇治川・大和川洪水(8月18日条) |
| 7 | 1679 | 5月　賀茂川・桂川洪水(5月21日条) |
| 天和元 | 1681 | 9月　大坂高潮(9月16日条) |
| 3 | 1683 | 〔2月18日条〕「少老稲葉石見守正休、摂河両国の水路巡見命ぜられ、御手づから羽織下され暇給ふ、大目付彦坂壱岐守正紹、勘定頭大岡備前守清重并に属吏も同じ」<br>〔閏5月25日条〕「少老稲葉石見守正休、和摂河江のあたり水路巡察はてゝかへり謁す」<br>〔閏5月28日条〕「大目付彦坂壱岐守重紹、勘定頭大岡備前守清重、摂河のあたり水路巡察はてゝかへり謁す、勘定の徒も同じ」<br>〔6月23日条〕「川村瑞軒義通といへるは、寛文の頃より奥羽の米運漕の事などつかふまつりしものなるが、こたび山城・河内のあたり水路巡察命ぜられ遣はさる」<br>〔11月朔日条〕「使番加藤兵助泰茂、書院番堀八郎右衛門直依、小姓組猪子左大夫一興、京摂水道浚利の事奉り、いとまたまふ、勘定の徒も同じ」 |
| 貞享元 | 1684 | 2月　河村瑞賢らによる貞享期畿内河川整備事業開始　※新井白石「畿内治河記」(『新井白石全集』三)<br>3月　土砂留令　※『御触書寛保集成』1335<br>8月　土砂留制度発足　※『御触書寛保集成』1336<br>〔9月11日条〕「使番加藤兵助泰茂は大坂目付にまかりしが、淀川普請の事にあづかるべしと命ぜらる」<br>〔10月27日条〕「大坂の河功畢り、使番加藤兵助泰茂、小姓組猪子左大夫一興、堀八郎右衛門直依かへり謁す」<br>〔11月12日条〕「摂河の河功奉はりし使番加藤兵助泰茂、堀八郎右衛門直依、小姓組猪子左大夫一興に金・時服褒賜せらる」 |
| 4 | 1687 | 4月　河村瑞賢らによる貞享期畿内河川整備事業終了　※摂津国豊嶋郡垂水村浜家文書<br>〔7月12日条〕「処士川村瑞軒義通、大坂淀の河功告竣せしをもて銀を褒賜せらる」<br>〔9月21日条〕「京の大風雨により、目付宮崎善兵衛重清をにはかにつかはされ、巡視せしめらる」 |
| 元禄11 | 1698 | 〔4月28日条〕「目付中山半右衛門時春、小姓組永井喜右衛門直又、大坂の河渠巡察命ぜられ暇給ひ、河村平大夫義通もおなじく暇給はる」<br>〔8月2日条〕「(米倉)丹後守昌尹、江州勢多川筋巡見の暇下され、御手づから羽織を給ふ」<br>〔10月15日条〕「少老米倉丹後守昌尹、京より帰り、(略)謁し奉る」 |
| 12 | 1699 | 〔3月15日条〕「目付中山半右衛門時春、小姓組永井喜右衛門直又、大坂河功成功して帰謁す、河村平大夫義通も同じ」 |
| 16 | 1703 | 〔2月15日条〕「少老稲垣対馬守重富、京・長崎等の巡察命ぜられ暇給ふ、(略)大目付安藤筑後守重玄、勘定奉行荻原近江守重秀、目付石尾織部氏信、同じく命ぜられ、暇下さる」<br>〔6月7日条〕「少老稲垣対馬守重富、各所巡察はてゝかへり謁す」<br>〔6月10日条〕「大目付安藤筑後守重玄、勘定奉行荻原近江守重秀、目付石尾織部氏信、各所巡察はてゝかへり謁す」 |

(注)※印を付したもの以外は、すべて『新訂増補国史大系　徳川実紀』第三篇～第六篇(吉川弘文館、1930～1931年)による。なお、幕府派遣役人による畿内川筋の見分・普請だけでなく、畿内の洪水・水害記事や土砂留令も掲げた。

**表2　「寛政重修諸家譜」に見る幕府派遣役人の畿内川筋見分・普請関係記事と派遣期間**

| 派遣年 | 派遣役人の名前および役職名（寄合を含む） | 関係記事（括弧内は『新訂寛政重修諸家譜』の巻・頁） | 派遣期間 |
|---|---|---|---|
| 慶安3年（1650） | 水野石見守忠貞〔伏見奉行〕 | 「慶安三年閏十月十日、仰をうけて五畿内をよび近江国洪水の地を検す」（6-117頁） | 1650.閏10～? |
| | 石谷十蔵貞清〔目付〕 | 「慶安三年閏十月十日、さきに洪水により畿内及び近江・伊勢等の国々を巡視す」（14-236頁） | 1650.閏10～? |
| | 中山勘右衛門信良（重良）〔大番組頭〕 | 「慶安三年閏十月十日、さきに洪水せるにより、畿内をよび近江国におもむき、水災の地を監す」（11-98頁） | 1650.閏10～? |
| | 佐野主馬正周〔勘定組頭〕 | 「慶安三年閏十月十日、おほせによりて畿内をよび近江国にいたり、水災の地を検し」（14-35頁） | 1650.閏10～? |
| 万治3年（1660） | 片桐石見守貞昌〔「関東の郡奉行」〕 | 「万治三年十月三日、東海道・五畿内、洪水のために破壊せし所々を巡見す」（6-234頁） | 1660.10～? |
| | 岡田豊前守善政〔勘定頭〕 | 「（万治三年）十月三日、江戸より京師までの駅路、ならびに畿内の諸国洪水にて破損せし所々の堤を巡見す」（6-19頁） | 1660.10～1661.2 |
| | 美濃部権之助茂正〔大番〕 | 「万治三年、諸国洪水せしにより、十月三日、片桐石見守貞昌に副られて、大井川・天龍川等を巡見す」（17-256頁） | 1660.10～1661.5 |
| | 長田喜左衛門重昌〔大番〕 | 「（万治）三年十月三日、片桐石見守貞昌にそふて、大井川をよび天龍川の普請を検し」（9-19頁） | 1660.10～1661.5 |
| 寛文元年（1661） | 近藤助右衛門政勝〔大番〕 | 「寛文元年七月十二日、畿内の国々堤川除の普請を奉行せしにより、時服二領、羽織、黄金五枚をたまふ」（13-412頁） | ?～1661.5 |
| | 花井治左衛門定義〔大番〕 | 「寛文元年七月十八日、さきに山城国桂川の堤普請の事をうけたまはり、彼地に赴きしにより、時服二領、羽織一領、黄金五枚を賜ふ」（15-183頁） | ?～1661.7 |
| | 酒井市郎右衛門貞治〔大番〕 | 「寛文元年十月二日、おほせをうけたまはりて大坂近辺堤の普請奉行を勤む」（15-173頁） | ?～1661.9 |
| | 前島重（十）左衛門重勝〔大番〕 | 「寛文元年十月二日、さきに摂津・河内両国に赴き、川除普請の奉行をつとめしにより、黄金五枚、時服二領を賜ふ」（18-279頁） | ?～1661.9 |
| 寛文5年（1665） | 松浦猪右衛門信定（信貞）〔小姓組〕 | 「（寛文）五年五月朔日、おほせをうけたまはり、畿内の川々を検視す」（8-98頁） | 1665.5～12 |
| | 阿倍四郎五郎政重（正重）〔書院番〕 | （この年の派遣に関する記載なし）（10-396頁） | 1665.5～12 |
| 寛文6年（1666） | 前田左太郎直勝〔書院番〕 | 「（寛文）六年八月二十一日、おほせによりて山城国におもむき、淀川堤の普請を奉行し、のちまたこれを検せむがため彼地に至る」（17-332頁） | 1666.8～12 |
| | 阿倍四郎五郎政重（正重）〔書院番〕 | 「（寛文）七年四月八日、淀川堤の普請をうけたまはり、かの地におもむきしにより、黄金五枚をたまふ」（10-396頁） | 1666.8～12 |
| 寛文7年（1667） | 前田左太郎直勝〔書院番〕 | 「（寛文）六年八月二十一日、おほせによりて山城国におもむき、淀川堤の普請を奉行し、のちまたこれを検せむがため彼地に至る」（17-332頁） | 1667.4～8 |
| | 伊奈五兵衛忠臣（忠重）〔書院番〕 | 「寛文七年四月八日、また仰によりて淀川の普請を監し」（15-47頁） | 1667.4～8 |

| | | | |
|---|---|---|---|
| 寛文9年（1669） | 藤掛（藤懸）監物長俊（永俊） | 「其後（万治2年以降）山城国淀川をよび河内・大和・近江等川々の普請奉行をつとむ」（8-213頁） | 1669.正～1671.12 |
| | 永井右衛門直右〔寄合〕 | 「（寛文）九年仰によりて摂河両国の川々を巡見し、閏十月、普請の事をうけたまはりてまたかの地におもむく」（10-281頁） | 1669.正～閏10、閏10～1670.5 |
| | 岡部主税助高成〔寄合〕 | （派遣に関する記載なし。寛文11年正月19日死去）（14-137頁） | 1669.正～閏10 |
| 寛文10年（1670） | 永井右衛門直右〔寄合〕 | （この年の派遣に関する記載なし）（10-281頁） | ?～1671.12 |
| | 岡部主税助高成〔寄合〕 | （この年の派遣に関する記載なし）（14-137頁） | ?～1670.5 |
| 延宝2年（1674） | 岡部左近勝重〔目付〕 | 「延宝二年、畿内の国々洪水により、七月十八日仰をうけたまはりて彼地に赴く」（5-127頁） | 1674.7～12 |
| 天和3年（1683） | 稲葉石見守正休〔若年寄〕 | 「（天和）三年二月十八日、仰をうけて摂津・河内両国の川々を巡視す」（10-206頁） | 1683.2～閏5 |
| | 彦坂壱岐守正紹（重紹）〔大目付〕 | 「（天和）三年二月十八日、摂河両国川々の水路を検せんがため彼地に至る」（6-26頁） | 1683.2～閏5 |
| | 大岡備前守清重〔勘定頭〕 | 「（天和）三年二月十八日、仰をうけたまはり、河内・摂津両国におもむき、川々を検視す」（2-103頁） | 1683.2～閏5 |
| | 河村平大夫義通《瑞賢》 | 「はじめ処士たりしとき、しば〳〵米穀金銀をよび川々普請等の公役にあづかりて功あり」（21-195頁） | （注参照） |
| | 加藤兵助泰茂〔目付〕 | 「貞享元年十一月十二日、摂河両国川々普請の事をうけたまはりし賞に、時服三領、黄金三枚をたまふ」（13-20頁） | 1683.11～1684.11 |
| | 堀八郎右衛門直依〔小姓組〕 | 「貞享元年十一月十二日、さきに摂津・河内両国川々普請の奉行をつとめしにより、時服三領、黄金三枚をたまふ」（12-372頁） | 1683.11～1684.11 |
| | 猪子左大夫一興〔小姓組〕 | 「貞享元年十一月十二日、さきに加藤兵助泰茂・堀八郎右衛門直依とゝもに摂河両国の川々普請を奉行せしにより、時服三領、黄金三枚を賜ひ」（15-55頁） | 1683.11～1684.11 |
| 貞享4年（1687） | 宮崎善兵衛重清〔目付〕 | 「（貞享）四年九月二十一日、さきに伊勢国暴風雨たるにより、仰をうけてかの地におもむく」（16-260頁） | 1687.9～? |
| 元禄11年（1698） | 中山半右衛門時春〔目付〕 | 「（元禄）十一年四月二十八日、大坂の川々普請のことをうけたまはりて彼地におもむく」（12-239頁） | 1698.4～1699.3 |
| | 永井喜右衛門直又〔小姓組〕 | 「（元禄）十一年四月二十八日、中山半右衛門時春とおなじく、おほせをうけたまはり大坂におもむき、川々の普請を奉行す」（10-298頁） | 1698.4～1699.3 |
| | 河村平大夫義通《瑞賢》 | 「（元禄十一年）四月二十八日、仰によりて大坂に赴き、川々普請の事をつとむ」（21-195頁） | 1698.4～1699.3 |
| | 米倉丹後守昌尹〔若年寄〕 | 「この日（元禄十一年八月二日）、山城国淀川の普請をよび京・大坂・堺・奈良、東山・東海の両道巡見のことをうけたまはり」（3-288頁） | 1698.8～10 |
| 元禄16年（1703） | 稲垣対馬守重富〔若年寄〕 | 「（元禄十六年）二月二日、畿内をよび長崎を巡見すべきむね鈞命をかうぶり、十五日暇たまふ」（6-392頁） | 1703.2～6 |
| | 安藤筑後守重玄〔大目付〕 | 「（元禄）十六年二月十五日、稲垣対馬守重富に副えられて、京都・大坂・奈良・堺・長崎等を巡視す」（17-185頁） | 1703.2～6 |

| | | | |
|---|---|---|---|
| 元禄16年<br>（1703） | 荻原近江守重秀<br>〔勘定奉行〕 | 「（元禄）十六年二月十五日、稲垣対馬守重富に副て、京都・大坂をよび長崎におもむく」（10-143頁） | 1703.2～6 |
| | 石尾織部氏信<br>〔目付〕 | 「（元禄）十六年二月十五日、仰をうけたまはり、稲垣対馬守重富に副て、京・大坂・長崎を巡視し」（13-368頁） | 1703.2～6 |

（注）

・派遣役人名の表記は「徳川実紀」によったが、「寛政重修諸家譜」（『新訂寛政重修諸家譜』第一～第二十二［続群書類従完成会、1964～1967年］）と異なる場合は、「寛政重修諸家譜」の表記を（　）に入れて示した。

・派遣役人の役職名は、「寛政重修諸家譜」の記事によった。

・近藤政勝・花井定義・酒井貞治・前島重勝の派遣年は不明であるが、可能性の高い寛文元年とした。また、永井直右の３度目の派遣および岡部高成の２度目の派遣の年も不明であるが、これも可能性の高い寛文10年とした。

・天和３年（1683）派遣の河村瑞賢の派遣期間については、『大阪市史』第一によれば、1683.2～5、1683.12～1684.8、1684.11～1685.正、1685.12～1687.5となっている。

表1は、慶安三年（一六五〇）以降、宝永元年（一七〇四）の大和川付け替えまでに、上方（畿内近国）における水害見分や治水事業のため幕府から役人が派遣された事例を、上方地域における水害記事とともに、「徳川実紀」（『新訂増補国史大系　徳川実紀』所収）から抜き出したものである。また表2は、「寛政重修諸家譜」（『新訂寛政重修諸家譜』所収）に見る、それぞれの派遣役人についての関係記事および派遣期間である。各派遣役人の派遣年および派遣期間は、表1および表2の「関係記事」欄の記載から判断した。

表1・表2から、派遣事例は、大別して、①水害後の見分または復旧工事の指揮・監督のためのもの、②治水策の策定を目的としたもの、③河川普請の指揮・監督のためのもの、の三種があったとしてよいだろう。もっとも、①の派遣例の中には、水害後の見分や復旧工事を行ないつつ、以後の治水策を策定しようとするものもあったと思われるが、第一義的な派遣目的によって分類すると、右のようになる。

①は、慶安三年（一六五〇）・万治三年（一六六〇）・延宝二年（一六七四）・貞享四年（一六八七）のそれぞれの派遣である。その他、寛文元年（一六六一）の派遣としたもの（表2に注記したように、前年の万治三年の派遣の可能性がある）は、万治三年の水害の復旧を目的としたものである可能性が高い。②は、寛文五年（一六六五）の派遣、天和三年（一六八三）に行

なわれた派遣のうち、稲葉・彦坂・大岡・河村（瑞賢）の派遣、元禄一六年（一七〇三）の派遣である。③は、寛文六（一六六六）・七・九・一〇の各年の派遣、天和三年（一六八三）に行なわれた派遣のうち、加藤・堀・猪子の派遣、元禄一一年の派遣（ただし、中山・永井・河村（瑞賢）の派遣と米倉の派遣は区別する必要がある）である。

大和川付け替えの前提としての付け替え以前における摂河地域の治水のあり方を論ずる場合、①②③のうちの②③、とりわけ実際に河川普請が行なわれた③が問題になる。この時期、幕府は当該地域に対して、いかなる治水策を実施しようとしたのだろうか。

③のうち、元禄一一年の米倉の派遣は期間も短く、近江・山城の河川整備が中心であると考えられる。これを除く、寛文六・七・九・一〇の各年の派遣（実際に普請が行なわれたのは寛文六年～同一一年）[15]と天和三年の派遣（同じく貞享元年（一六八四）～同四年）、そして元禄一一年の中山・永井・河村の派遣（同じく元禄一一～同一二年）が、摂河地域にかかわるものとして重要である。以下、これらについて検討してみたい。

（2）寛文期の畿内河川整備事業

寛文六年の派遣に始まる河川普請は、同五年の松浦信定（信貞）および阿倍政重（正重）による河川見分に基づいて行なわれたことは、年次が連続していること、阿倍が同六年にも派遣されていることから、容易に推測される。その意味では、両者を切り離して考えるべきではなく、一連のものとしてとらえた方がよい。ここでは、寛文五年から同一一年にかけての見分および普請の全体を寛文期畿内河川整備事業とよぶことにする。この事業は、書院番組または小姓番組の番士が担当した寛文五年～同七年の事業と、寄合が担当した同九年～同一一年の事業とに分けることができるが、現地に残る史料に見る限り、後者の方が本格的なものであったようである。

寛文期畿内河川整備事業については、筆者がかつて明らかにしたように[16]、淀川筋の川浚が一つの柱であったことが注目される。寛文九年二月一三日に淀川浚の課銀が西国・中国・四国の大名に対して行なわれたこと、同一一年五月六日付で老中四名から大坂城代青山宗俊、大坂定番米津田盛、同安部信友、大坂町奉行石丸定次に対し、大川（大坂内における淀川の流れ）にかかる天神橋付近で川浚中に掘り出された黄金・竹流し金・延べ金の処置を指示した「覚」が存在すること、藤掛・永井・岡部の見分により瀬田川（淀川上流部の流れ）浚が命じられ、三か年（おそらく寛文一〇〜一二年）にわたって川浚が行なわれたことなどが、その証左である[17]。

淀川筋の川浚は、もちろん川の流れをスムーズにするためのものである。広義の川浚は、川底の土を浚渫することだけでなく、水の流れの障害となる附洲や外島などの除去、さらには水当たりの強い川岸の土地を切り込むことを含むが、ここで、老中の意を受け、寛文六年二月に大坂町奉行が出した「山川掟之覚」（史料2）を想起されたい。前述のように、この「山川掟之覚」は、草木の根の掘り取りが原因で発生する土砂流出による「水行滞」という事態を解決するため、山間部における植林を奨励するとともに、河川敷などでの新田畑開発や川幅を狭める水制工、また山中での焼畑を禁止したものである。「山川掟之覚」は、いわば土砂流出の原因を取り除くことが目的であったが、川浚は、土砂流出の結果として生じた事態を改善しようとしたものである。

「山川掟之覚」は、前年に河川見分のため派遣された松浦信定（信貞）および阿倍政重（正重）の報告に基づいて出されたことは間違いあるまい。また、「山川掟之覚」末尾には「来春御検使被遣之、此掟之趣違背無之候哉可為見分之条」とあるが、寛文七年に派遣された前田直勝と伊奈忠臣が、「来春御検使」に相当するのであろう。同九年に派遣された藤掛・永井・岡部も、「京都御役所向大概覚書」の「五畿内川筋土砂留之事」の項に「山川掟之儀、従先年雖被　仰出、猶又為見分、寛文九酉年永井右衛門・岡部主税・藤掛監物被遣之、弥堅被　仰付候[18]」とあるように、淀川筋の川浚だけでなく、「山川掟之覚」の徹底という役目をも帯びていた。

このように見てくると、寛文期畿内河川整備事業の基本とは、「山川掟之覚」の徹底と淀川筋の川浚により、川の流れをスムーズにすることであったといってよい。毎年の国役普請によって、摂河両国における大河川の堤防および護岸・水制施設の修復を行なうとともに、臨時的に中央から役人を派遣して川の流れをスムーズにする措置を講ずるというのが、当該地域における大河川治水のあり方であったといえよう。

### (3) 河村瑞賢らによる貞享・元禄期の畿内河川整備事業

表1・表2にあるように、天和三年（一六八三）の二月から閏五月にかけ、若年寄稲葉正休、大目付彦坂正紹（重紹）、勘定頭大岡清重が「摂河両国の水路巡見」を行なったあと、同年一一月から翌年一一月にかけ、使番加藤泰茂、書院番堀直依、小姓組猪子一興が「京摂水道浚利」を行なっている。このいずれにも付き従い、貞享元年（一六八四）から同四年まで行なわれた普請の実質的な担当者であった。河村瑞賢は、大坂町奉行所で作成された「町奉行所旧記」のうちの「川筋御用勤書」[19]には、この間の事情を「天和三亥年、稲葉石見守殿・彦坂壱岐守殿・大岡備前守殿、川村瑞賢被召連、川筋御見分有之候而、貞享元子年、加藤兵助殿・堀八郎右衛門殿・猪子左太夫《（大）》殿、川村瑞賢被召連御登、御普請被仰付、同四卯年御普請相済候」と記している。稲葉・彦坂・大岡の見分は、翌年以降の普請の準備のためのものであり、ここではこれも含めて、貞享期畿内河川整備事業とよんでおく。

瑞賢らが行なった普請は、「町奉行所旧記」のうちの「川筋御用覚書」[20]によれば、①山城国木津川筋の外島の竹木を伐採したり、沿岸の田地を切り込んだりすることにより、川幅を広げる、②山城国宇治川筋から大坂までの淀川筋の外島を取り除き、また沿岸の田地を切り込んで川幅を広げるとともに、淀川・中津川分岐点の三ツ頭に笹刎を刺し、築き出しを行なう、③大和国大和川筋の外島の取り払いや掘り割りを行ない、沿岸の田地を切り込んで川幅を広げる、④大坂の京橋・備前嶋小橋・天満橋・天神橋・難波橋のあたりで川幅を広げ、堂嶋川を掘り立てるとともに、淀川最下流部で安治川を開削する。また、堂嶋および安治川で新地を五か所取り立て、大坂内川筋（諸堀）の川岸をなだれ形にする、⑤大坂両川口（大坂の木津川口および安治川口）その他において新田を開発する、というものであった。

また、普請開始当初の貞享元年三月に、第一章でも若干言及した三か条の「覚」（土砂留令）が出された。「覚」の第一・第二条は、それぞれ「山川掟之覚」（史料2）の第一・第二条を踏襲したもの、第三条は、「山川掟之覚」第三条の趣旨をより徹底させたものである。この年の八月には、畿内近国に本拠をもつ一一名の大名に、それぞれの領内やその近辺の幕領・私領に、年二〜三回家臣を派遣して淀川・大和川上流山間部での植林を行なわせるよう命じている[21]。

その後、元禄一一年（一六九八）四月から翌一二年三月にかけ、中山時春・永井直又・河村瑞賢が大坂に派遣されて再び河川整備事業が行なわれた。具体的な普請内容は、「川筋御用覚書」によれば、①大坂堀江川を新規に開削する、②堀江川・安治川・道頓堀川沿岸において新町家を取り立てる、③大坂木津川口にある月正島を掘り割る、④山城国宇治川筋、同木津川筋、淀川筋、神崎川筋、大和川筋、中津川筋で外島を掘り割ったり川違いを行なったりするとともに、水当たりの強い田地を切り込む、⑤川筋の各所で新田を開発する、というものであった。

この元禄期畿内河川整備事業というべきものは、貞享期畿内河川整備事業の「残御用」（「川筋御用覚書」）、すなわち残余工事を行なったものであり、貞享期畿内河川整備事業を引き継いだものといってよい。

さて、貞享・元禄期の畿内河川整備事業は、河村瑞賢という著名な土木技術者によるものであったこと、安治川の開削や大坂内川筋の整備などが行なわれ、中央市場としての大坂の機能が充実したこと、貞享期畿内河川整備事業を契機として、土砂留制度が整えられるとともに、大坂町奉行所内に河川管理を司る川奉行が設置され[22]、摂河地域におけるその後の治水制度の基礎が固められたことなどにより、長く人々の記憶に留められることになった。そのため、寛文期畿内河川整備事業はその陰に隠れることになってしまったが、両者が目指したものは、基本的には同じである。

すなわち、ともに淀川・大和川筋への土砂流出を抑えるとともに、川の流れ、とりわけ淀川筋の流れをスムーズにすることを目的としていた。両者の違いといえば、貞享・元禄期において、淀川の河口部に大きく手を加えたことであろう。寛文期においては、淀川下流部（大川部分）の普請は浚渫事業にとどまっていたと思われるが、貞享・元禄期には九条島を掘り割って安治川を開削するという、思い切った措置を講じている。しかし、これも、外島の除去・掘り割りや、水当たりの強い田地の切り込みといった疎通工事の大がかりなものととらえることができる。貞享・元禄期の畿内河川整備事業は、寛文期のそれの延長線上にあるものといってよいのである。

## おわりに

これまで見てきたように、一七世紀中後期、淀川・大和川筋においては、スムーズな川の流れが妨げられる傾向にあった。そのような事態をもたらしたのは、（イ）上流山間部での木の根掘り取りや植林を伴わない樹木の伐採、また河川敷などにおける新田畑開発を原因とする土砂流出、（ロ）ある種の水制施設の設置、の二つであるが、この事態は、洪水時における水害の危険性を高めることになった。幕府は、これに対処するため、大河川治水システムである国役普請制度を発足させるとともに、寛文期・貞享期・元禄期に、役人を派遣して河川整備事業を実施した。この河川整備事業は、淀川・大和川筋への土砂流出を抑え、各種疎通工事によって川の流れをスムーズにするというものであった。国役普請制度と、このような内容をもつ派遣役人による臨時的な河川整備事業の組合わせが、一七世紀後半期摂河地域における幕府治水体系の基本であった。

ところで、この幕府治水体系の一つの柱である国役普請制度は、そもそも堤防（国役堤）や護岸・水制施設の現状維持を図るシステムに過ぎなかった。また、一方の柱である派遣役人による河川整備事業は、あくまでも土砂留の徹底と各種疎通工事にとどまり、しかも淀川筋の治水に重点を置いたものであった。したがって、この治水体系による限り、大和川筋の水害問題を根本的に解決することは不可能であった。大和川筋沿岸の村々が水害から逃れるためには、大和川を付け替え、淀川と大和川を分離するより他はなかったのである。

では、当時の幕府当局者が付け替えをまったく構想することがなかったのかというと、もちろんそうではない。これまでもある程度知られているように、幕府中央からの派遣役人によって、何度か川違え見分が行なわれ、新川予定地に牓示杭が打たれたり、間縄が引かれたりしている。見分は五回を数えたことが諸史料から確かめられるが、その内訳は、表3の通りである。これらは、いうまでもなく表1・表2の派遣役人による畿内河川整備事業の中で実施されたものである。実際に行なわれた河川整備事業の内容を考えれば、付け替え前年の元禄一六年の見分を除き、幕府が付け替えの意志を強くもって見分を行なったとは考えられない。新川筋を示すことによって、新川予定地にあたる村々の反応を確かめ、以後の治水策策定のための判断材料とするのが目的であったと考えるのが妥当であろう。実際には関係地域の強い反対もあり、付け替えを決定するにはなかなか至らなかったのである。

このように見てくると、宝永元年（一七〇四）の大和川付け替えは、一七世紀中期以来の摂河地域における治水体系を根本的に変更したという点で、きわめて大きな歴史的意義を有しているといえるだろう。

表３　幕府派遣役人による新川予定地見分

| | 年 | 西暦 | 内　　容 | 出　典 |
|---|---|---|---|---|
| 1 | 万治3 | 1660 | 「関東の郡奉行」（「寛政重修諸家譜」）片桐貞昌と勘定頭岡田善政が、弓削村・柏原村から住吉手水橋までの新川予定地に間縄を引かせる。 | 『八尾市史』史料編、549頁 |
| 2 | 寛文5 | 1665 | 冬、（おそらく小姓組松浦信貞、書院番阿倍政重が）柏原村から住吉手水橋まで、新川予定地に間縄を引かせる。 | 『久我家文書』三、527頁 |
| 3 | 寛文11 | 1671 | 10月、寄合永井直右、同藤掛長俊、新川予定地に牓示杭を打たせる。 | 『松原市史』五、125頁 |
| 4 | 天和3 | 1683 | ４月、若年寄稲葉正休、勘定頭大岡清重、大目付彦坂重紹が見分し、新川ルート案（船橋村～田辺村～安立町案と船橋村～田辺村～阿部野村案）を示す。 | 『八尾市史』史料編、547頁、『松原市史』五、127頁 |
| 5 | 元禄16 | 1703 | 若年寄稲垣重富、勘定奉行荻原重秀、目付石尾氏信が新川予定ルートを見分する。 | 『八尾市史』史料編、550～551頁、『松原市史』五、165頁 |

（注）上記のほか、大坂にある幕府機関の役人による見分例として、延宝４年（1676）3月、大坂町奉行彦坂重紹、大坂船手兼代官高林直重、「川御奉行」（堤奉行のことか）、代官が川違見分を行なった例がある（『八尾市史』史料編、549頁）。

ではなぜ、この時期にこのような治水体系の大転換が行なわれたのか。これが次の課題としてただちに浮上するが、「はじめに」でも述べたように、これは、綱吉政権期の政治史として検討される必要がある。今後、そのような観点からこの課題の解明に取り組みたいと考えている。

**註**

（１）大和川付け替えの背景や実施の概要、またその影響に関しては、付け替え関係地域の各市町村史類では必ず取り上げられてきた。「大和川付替工事」の項目を設けて解説した『大阪市史』第一（大阪市役所、一九一三年、のち一九六五年、清文堂出版より復刻）はその古典的なもので、その後の研究の出発点となった。市町村史類の中では、『松原市史』第一巻（松原市役所、一九八五年）第五章「大和川の付替え」（山口之夫氏執筆）が特に詳しい。市町村史類以外で概説的に取り上げたものとしては、畑中友次『大和川付替工事史』（大和川付替二百五十年記念顕彰事業委員会、一九五五年）、小出博『利根川と淀川』（中央公論社、一九七五年）、中好幸『大和川の付替　改流ノート』（私家版、一九九二年）、中九兵衛（好幸）『甚兵衛と大和川―北から西への改流・三〇〇年―』（私家版、二〇〇四年）、山口之夫『河内木綿と大和川』（清文堂、二〇〇七年）などがある。個別の研究論文としては、山口之夫「大和川川違えの社会経済史的意義」（『ヒストリア』第五五号、一九七〇年四月）、村田路人「宝永元年大和川付替手伝普請について」（『待兼山論叢』第二〇号史学篇、一九八六年一二月）、岩城卓二「畿内・近国の河川支配―大和川堤防を中心に―」（『歴史研究』四二号、二〇〇五年三月、のち岩城『近世畿内・近国支配の構造』柏書房、二〇〇六年に収録）、安村俊史「発掘調査成果からみた大和川付け替え工事」（『歴史科学』一八一、二〇〇五年八月）、村田路人「宝永元年の大和川付替えと大坂」（『水の都市文化―大阪市立大学大学院文学研究科COE／重点研究共催シンポジウム報告書―』大阪市立大学大学院文学研究科都市文化研究センター、二〇〇六年三月）などがある。なお、付け替え三〇〇周年の二〇〇四年に、付け替え研究の新たな発展を目指して刊行された八尾市立歴史民俗資料館編『平成16年度特別展　大和川つけかえと八尾』（八尾市教育委員会、二〇〇四年）には、数多くの関係古文書・絵図写真が掲載されている。

（2）塚本学「諸国山川掟について」（『信州大学人文学部人文科学論集』一三、一九七九年三月）、福山昭「元禄期淀川低地の水利事情」（『阪南論集』社会科学編第一六号、一九八一年三月、のち、福山『近世日本の水利と地域―淀川流域を中心に―』雄山閣、二〇〇三年に収録）、水本邦彦『日本史リブレット52　草山の語る近世』（山川出版社、二〇〇三年）、同「近世の自然と社会」（歴史学研究会・日本史研究会編『日本史講座第6巻　近世社会論』東京大学出版会、二〇〇五年）など。

（3）「万大控抄」（『日本林制史資料　津藩・彦根藩』（朝陽会、一九三二年、のち一九七一年に臨川書店より復刻）五六〜五七頁）。

（4）『新訂寛政重修諸家譜』第十四（続群書類従完成会、一九六五年）二八六〜二九二頁。

（5）摂津国豊嶋郡勝尾寺文書（『箕面市史』史料編三（箕面市役所、一九六九年）一一頁）。

（6）「御当家令条」二八四号（石井良助編『近世法制史料叢書第二　御当家令条・律令要略』創文社、一九五九年）、石井良助編『徳川禁令考』前集第六（創文社、一九五九年）四〇二二号。
（7）高柳真三・石井良助編『御触書寛保集成』（岩波書店、一九三四年）一三三五号。
（8）前掲注（1）中好幸『大和川の付替　改流ノート』四〜五頁。この絵図は中家文書中にあるもので、中氏はこれを「堤防比較調査図」と名付けている。なお、同書八六〜八七頁に写真版が掲載されている。
（9）前掲注（1）中好幸『大和川の付替　改流ノート』九〇頁。
（10）河内国石川郡太子村叡福寺文書（東京大学史料編纂所所蔵の写真版を利用）。村田路人『近世広域支配の研究』（大阪大学出版会、一九九五年）一一一〜一一三頁参照。
（11）『新訂寛政重修諸家譜』第十五、一五頁。
（12）堤奉行については、前掲注（10）村田路人『近世広域支配の研究』第一部第四章「河川支配機構」を参照のこと。
（13）摂津国嶋上郡高浜村西田家文書（関西大学総合図書館所蔵）。前掲注（10）村田路人『近世広域支配の研究』一一五頁参照。
（14）前掲注（10）村田路人『近世広域支配の研究』第一部第三章「国役普請制度の展開」。
（15）前掲注（10）村田路人『近世広域支配の研究』第二部第二章「川筋維持と負担地域」でも指摘しているように、普請そのものは現地の担当者によって、翌一二年まで続いている。
（16）前掲注（10）村田路人『近世広域支配の研究』第二部第二章「川筋維持と負担地域」、同「近世前期の瀬田川浚普請」（『琵琶湖博物館開設準備室研究調査報告』八号、一九九六年三月）。
（17）もちろん、淀川筋以外の普請も行なわれた。大坂町奉行所の職務マニュアルというべき「町奉行所旧記」のうちの「川筋御用覚書」には、寛文期畿内河川整備事業について、「城州宇治川・木津川・淀川、和州大和川、河州石川筋、大坂両川口迄、年々川筋御普請御用」と記している（『大阪市史』第五〔大阪市役所、一九一一年、のち一九六五年、清文堂出版より復刻）二七五頁）。

(18) 岩生成一監修『京都御役所向大概覚書』上巻（清文堂出版、一九七三年）三一〇頁。

(19)『大阪市史』第五、二六七頁。

(20)『大阪市史』第五、二七六頁。

(21)『御触書寛保集成』一三三六。なお、このとき発足した土砂留制度については、水本邦彦「土砂留役人と農民―淀川・大和川流域における―」（『史林』六四―五、一九八一年九月、のち、水本『近世の村社会と国家』東京大学出版会、一九八七年に収録）に詳しい。

(22) 前掲注（1）『大阪市史』第一、四四七〜四四八頁、前掲注（10）村田路人『近世広域支配の研究』第一部第四章「河川支配機構」参照。

# 旧大和川流域の地域形成と展開

小谷　利明

## はじめに——地域住人にとっての大和川史——

旧大和川は、柏原市築留から北に流れ、八尾市二俣で玉櫛川（東大和川）・久宝寺川（長瀬川・西大和川）のふたつに分かれ、さらに玉櫛川は東大阪市で吉田川と菱江川に分かれ、吉田川は深野池に注ぎ、その西にある新開池を通り、新開池に注ぐ菱江川と再び合流した。新開池から西流した水は、久宝寺川と合流し、大坂城の北側を通り、平野川と合流して淀川に注いだ。このほか、旧大和川に注いだ川は恩智川、楠根川・寝屋川・古川などがある。

ここで問題とする旧大和川地域とは、中九兵衛氏(1)が問題とされた大和川付け替え推進派の地域に該当し、中河内から北河内および摂津東成郡・住吉郡なども入る広範囲の地域である。付け替え運動に関する詳細は、中氏の研究に譲り、ここでは、大和川付け替えの歴史的意義を旧大和川の成立から遡って検討することにしたい。

その理由は、従来の大和川付け替えの意義の背景となっている時間軸が大変漠然としているからである。例えば、昭和三〇年に大和川付替二百五十周年記念顕彰事業委員会が作成した『治水の誇り』(2)では、大和川の流域と水害の歴史について、天平宝字六年（七六二）六月の長瀬堤の決壊を初見として、平安時代までの洪水の歴史を紹介した後、突然、江戸時代まで話が飛ぶのである。これは大和川付け替えの前史を述べた書物に共通するものである。[3]

確かに古代から河内を流れる川は氾濫を繰り返してきた。[4]しかし、大和川付け替えの原因となったのは、ひとつに天井川化がある。このことは、旧大和川の流路が固定したことに根本の原因がある。大和川付け替えが歴史的課題となったのは、河川の流路が固定した時代からはじまり、それが固定し続けた歴史そのものに問題があるのである。その意味で、流路が固定された旧大和川と、その前身の川は別物である。[5]ここでは、現在の旧大和川の流路が固定した時期を「旧大和川の成立」と呼んでおく。

さて、河川が固定するというのは、一体どういうことであろうか。これは、全く自然の問題とは言えないと思う。人間が自然に働きかける事なしに、河川は一定の場所に留まり続けることは出来ない。つまり、河川が管理され、数百年間に渡ってその努力が維持されたと想像すると、それぞれの時代の大和川への働きかけがあり、その達成のターニングポイントに大和川付け替えがあったと言えるのではないだろうか。

ここでは、旧大和川に働きかけた地域社会の歴史を叙述すること、そのなかのひとつに大和川付け替えがあったと位置づけることにしたい。この地域に住んだ地域の人々の治水の歴史を段階的に把握することで、「地域住民にとっての大和川史」[6]という構想を示したい。

## 一、　旧大和川の成立と村々

昭和六二年、八尾市安中町で旧大和川堤および河川付近の発掘調査が行なわれた。ここは植松堤といい、大和川付け替え後は安中新田と呼ばれた場所に当たる。この辺りは、古代では平野川と大和川（現在の長瀬川）が分岐す

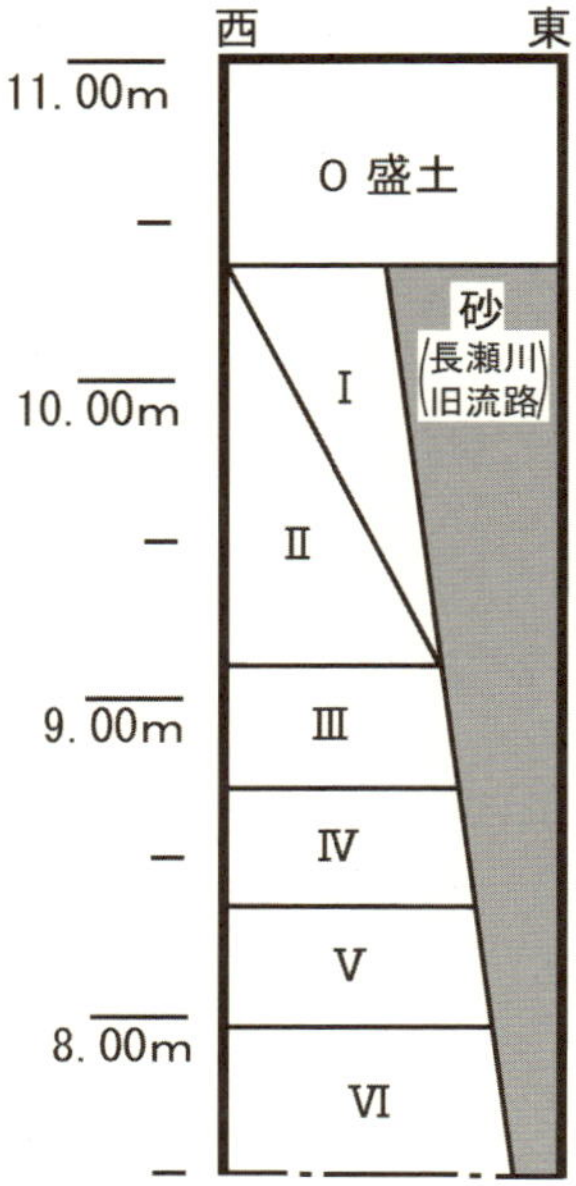


**図１　基本層序**

第Ⅰ層
黄褐色粘質土〜シルト。１ｍ前後。近代工場建設までに堆積した土層

第Ⅱ層
黄褐色砂質土。０〜１ｍ前後。長瀬川の旧堤防を構成する土層。近世の遺物が含まれる。

第Ⅲ層
灰茶色粘土〜粘質土。0.3〜0.5ｍ。鉄分の沈着がみとめられる。近世の樋はこの上層から構築される。

第Ⅳ層
灰緑色粘土〜シルト。0.3〜0.5ｍ。

第Ⅴ層
青灰色粘土〜シルト。0.3〜0.5ｍ。平安時代〜鎌倉時代の遺物を含む。この層が付け替え以前の長瀬川左岸のはじまり。

第Ⅵ層
暗灰色粘土・シルト・砂の互層。0.3〜0.5ｍ。古墳時代中期〜後期の遺物が含まれる。

（『八尾市文化財調査研究会年報　昭和62年度』より）

る付近にあたるという。また、戦国時代はじめ、畠山義就が日本最初の水攻めを行なった場所といわれる。

　この調査で明確になったのは、現在の長瀬川堤防が形成されたのは鎌倉時代後期と考えられることである。また、堤防の地層は四層からなり、近世に入ると急速に堤防が大きくなる事が明らかになった(7)。

　鎌倉時代後期という漠然とした時期であるが、今後発掘調査の事例が増えれば、より緻密な結果が得られると思う。ここではこれを手がかりに旧大和川と地域との関係を考えていきたい。

　さて、旧大和川の歴史を鎌倉時代後期以降と考えると、何が問題となるのか。通説では、この地域は、集村の典型地域と言われる。集村化した時期は、南北朝期以降である。考古学的には、鎌倉時代の村と南北朝期以降の村は繋がらない。

　しかし、近年、旧大和川地域の村々に関する重要な史料が発見されている。それは、十万人上人と呼ばれた律僧導御が行なった勧進記録である弘安元年（一二

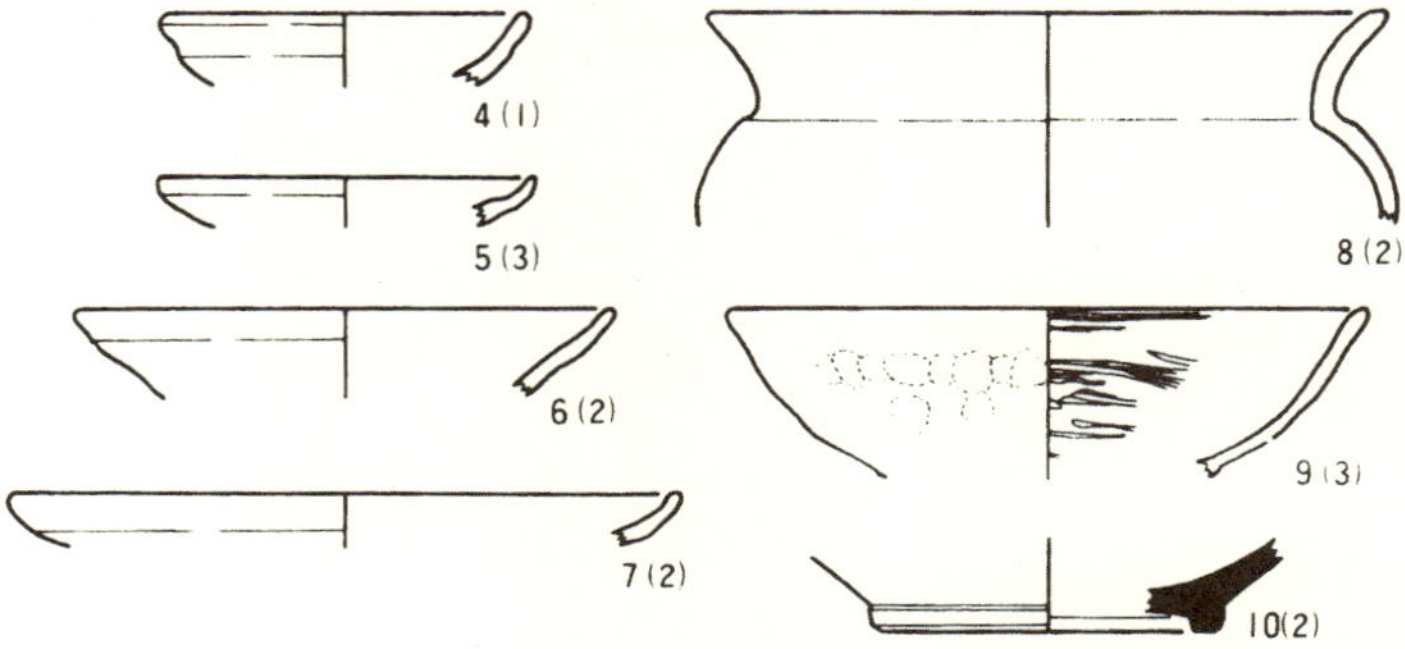


**図２　第Ⅴ層から出土した遺物**
土師器小皿（４・５）・中皿（６・７）・甕（８）・瓦器椀（９）・白磁碗（10）

**図３　調査地周辺図**

七八）九月廿日付の「持斎念仏人数目録」の発見である。[8] この史料は、山城・大和・河内など畿内を中心に広く融通念仏勧進をした記録であるが、河内国の場合、その勧進場所の中心は、現在の八尾市・東大阪市市域が中心で、まさしく旧大和川流域地域に当たる。

この史料で注目されるのは、現在の大字単位の村名の初見がほぼこの史料となることである。[9] 発掘調査によってこの時期の村は、現在の村と繋がらない散村であったことが言われているが、[10] 村名を見ると、現在の村と繋がることがわかったのである。平安～鎌倉時代の散村は、二世代ほどで移動を繰り返したが、南北朝期以降、村は集村化し、移動しなくなると考えられる。[11] これは大和川の流路が固定したことも大きな要因と考えてよいだろう。つまり、鎌倉時代後期から南北朝期の村が集村化を用意したと考える必要がある。

もうひとつ問題にしたいのは、導御に結縁する村々の存在である。結縁は村単位で書き上げられている。その人数は千数百人に及ぶ村もある。数字は存命中の人物だけではないと考えられるから、架空の数字とみられるが、この地域だけでも数万人に及ぶ人々が導御と関わりを持った。これは一時的な現象と言えなくもないが、別の見方も可能である。

それは、融通念仏宗の中興の祖といわれる法明が出て、正和三年（一三一四）「融通念仏縁起絵巻」を製作し、一四世紀末までに多くの絵巻の製作が行なわれた。鎌倉時代末から室町時代初頭にかけて融通念仏信仰は爆発的に広がったのである。[12]

融通念仏宗の中核組織は「六別時」という。それは六つの講集団を指し、講員が対等な立場で、代表者（辻本）を選び、その代表者六名のなかから融通念仏長老を選ぶという組織で、河内を中心とした組織である。[13] この組織は、国人領主連合のようなもので、この組織の成立は南北朝期と言われてきたが、多分に伝説の域を出なかった。しかし、先の「持斎念仏人数目録」の発見によって、融通念仏信仰を支える人々が鎌倉時代中期にすでにいたことが明確になった。「六別時」という組織が南北朝期にあったかは不明であるが、その原形はあった可能性が出てきたのである。

これ以後、河内には仏光寺派や本願寺派が入り、その中心が旧大和川流域地域であることは多くの研究が示している。(14) 応仁の乱前後、本願寺蓮如が急速にこの地域の人々を組織化するには、このような前史を想定するほうが理解しやすいであろう。

近年、村連合の成立を戦国期に設定する研究が多い。これ自身、中世史研究の大きな前進だったが、村掟などは鎌倉時代末から見られるのであり、村が自立するあらゆる要素が戦国期からと見る必要はなかろう。この地域は、かなり早い時期に村々の連携を図った地域であると考えたい。

以上、鎌倉時代後期に旧大和川堤防のはじまりが見られること、鎌倉時代中期には現在の村名と同じ名前の村が生まれていたこと、鎌倉時代中期以降、融通念仏信仰が盛んとなり、広く人々が結縁し、それがひとつの組織（広域の村々の繋がり）となった可能性があることを指摘した。

## 二、堤を維持管理したのは誰か

次に、堤普請に関する問題である。鎌倉時代の広域の堤は誰が管理したのであろうか。基本的には荘園領主などの国家公権によると考えられるが、直接的な史料はない。南北朝内乱期では、楠木氏など内乱の当事者がいた河内では、とても国家による統制があったと考えにくいが、具体的なことはわからない。大和川堤の普請が明確になるのは、戦国期からである。

戦国期の堤普請に関するものは、近年発見された「慈願寺文書」年未詳一一月一三日付慈願寺宛河内守護代遊佐順盛書状が参考となる。

慈願寺は、河内国渋川郡久宝寺（八尾市久宝寺）にあった寺院で、久宝寺寺内町の中核寺院であった。これら寺内町は大和川・淀川水運の要衝につくられており、治水と深く関わる場所にある。この文書を発給した遊佐順盛は、河内守護畠山尚順（尚慶、卜山）の守護代で一五世紀末から一六世紀前期にかけて活躍した。この文書は、河内支配が着実となった永正五年（一五〇八）以降の文書と考えられる。

逐語訳すれば、「久宝寺堤普請に（久宝寺寺内町から）人数を出して築いたことを（遊佐の内者）萱振氏から聞きました。こちらも大変よろこんでいます。いよいよ、頼み入ります。」といったもので、久宝寺川、現在の長瀬川の堤普請を寺内町住人が行なったことがわかる。さらに、そのことをこの地域の権力者であった萱振氏が守護代に報告すべきことだったことが理解できるのである。

戦国期の堤普請の例として同じく守護代遊佐順盛が出した淀川堤に関わる史料がある。それは、河内国茨田郡伊香賀郷の新補地頭であった土屋家に残る文書に年未詳五月廿三日付丹下盛賢宛河内守護代遊佐順盛書状がある。遊佐は前述した人物だが、宛所の丹下盛賢は、守護畠山尚順の家老的な存在で、守護家の代表的な人物である。時代もやはり永正五年以降の文書であろう。

これも逐語訳すると、「伊香賀堤が大破し、河内一七か所[15]に水が入りました。この堤については堅固にせよと何度も命じ、「嶋中」からも催促したけれども、伊香賀に合点しなかったのだろうか。このような成り行きとなり、どうしようもないことである。嶋のような状態となっていることは、あなたのところも水の底となっているから、おわかりでしょう。伊香賀の水を止め、一七か所からも人を遣り、堤を築くように相談しています。百姓が難儀しているので、土屋方に命じて、意見ください。」と書かれている。

これは、戦国時代淀川左岸の堤防である伊香賀堤が崩れたことがわかる史料である。守護代はこの堤防の管理を周辺の国人や「嶋中」とよばれる戦国期の新しい地域に命じていたことがわかる。この洪水は守護のいる高屋城近くまで影響があったことが書かれている。

伊香賀付近の堤防決壊の例として明治一八年（一八八五）六月の三矢村の堤が決壊した洪水があるが、伊香賀はこの隣村であるから、被害は同様であろう。この時の洪水は、新大和川付近まで達していることから、丹下盛賢がいる高屋城からも確認できるだろうという順盛の指摘は誇張ではない。

このほか、遊佐順盛の息子遊佐長教も前述した土屋氏宛に出口堤[16]の普請に参加したこと、食料を用意したことを誉める文書を出している。時期は、長教の花押の形態から天文一八年～二〇年（一五四九～一五五一）ごろの文書である。

以上から、戦国時代、守護は淀川・大和川などの大河川の堤管理について注意しており、周辺の寺内町、国人領主、「嶋中」など戦国期に生まれた新しい地域に堤普請をさせていたことがわかるのである。

「嶋中」などの新しい地域のほかの事例としては、守護による「国法」の単位として現われたり、知行宛行のときの地名として登場している。従来、守護による統治機構は、郡規模による統治であると考えられてきた。しかし、現実にはそれよりも広域の地域が生まれていたのである。[17]

## 三、近世初頭の郡の庄屋衆・年寄衆

近世に入ると、戦国期権力が解体し、戦国期の地域社会の単位も使われなくなる。ここでは慶長～寛永期の広域の相論および訴訟の主体が何なのかを探ることで、近世の地域社会の担い手について具体的に検討しておきたい。

事例一　「金剛寺文書」年未詳正月廿一日付錦部郡郡中申状(18)

錦部郡中が金剛寺に対し出した文書で、堤普請について「郡中請米」で行なうとし、ただし、金剛寺門前は役免除となるが、「ねんきょく（年玉）」を郡に出す事を求めた。大日本古文書の校訂者は、これを慶長期の文書とする。

事例二　「玉祖神社文書」元和四年（一六一八）八月廿八日付河内国高安郡玉祖大明神神主三位訴状(19)

玉祖神社神主が玉祖神社神宮寺である竹坊を訴えた文書で、竹坊が神の御供や神領を横領していることを訴えるが、竹坊が「こおりの庄屋をたのみ、庄やと竹坊と一ミ仕」り、不法を行なうことを訴えた文書である。国奉行小堀遠江守が裁許。

事例三　「塩野家文書」元和六年一二月廿五日付河内国古市郡庄屋年寄百姓等申上状、および「塩野家文書」元和七年九月一五日付河内国新町村惣百姓相済状写(20)

讃良郡・古市郡の御料所を預けられた代官五味金十郎が古市郡一郡に対し、指出検地を行なったときの相論史料。免割を村方にまかされたが出作と本村との対立が表面化し、混乱したようである(21)。元和六年のものは、壺井村庄屋、通法寺村庄屋、新町庄屋、壺井村年寄、通法寺村年寄、肩書きのない百姓四〇名の順で署名され、「郡中そせう申上候」とあって壺井通法寺領に関して「郡中」訴訟が行なわれた。また元和七年のものは、先の文書の相済が行なわれたことを示す文書で、「郡庄屋衆御あつかいなされ」たとある。

事例四　「観心寺文書」寛永二年（一六二五）三月一五日付金剛寺衆宛皆明寺禅宥書状写(22)、および「同」寛永二年三月一六日付観心寺御惣中宛年寄中連判状案(23)

これは日野窪において二人の百姓が法華千部執行を行なうこととなり、観心寺と金剛寺が出仕について座席相論をしたときの文書である。一五日付文書は、観心寺の本寺である仁和寺皆明寺禅宥の扱い文書で、観心寺に対しては、客座に一人出頭すべきことを命じたことを書き、金剛寺に対しても一人出頭するように申し入れている。この文書は、皆明寺殿在判とあって、写しであるが、加賀田（二人）・市村・ふしみ堂・三日市・北村・上田・くすの・下岩瀬村の人物が花押を書いており、年寄連署状の正文として機能した。

一六日付文書は、「年寄中」と署名部分に書かれた文書の写しである。「年寄中」の構成メンバーは、一五日付で署名した人物と考えられる。この文書は皆明寺殿が仲裁した文書を観心寺に渡すに当たって、添えられた文書の写しと見られ、これら相論の解決には「右ノ年寄共罷出」て解決することが書かれており、広域の年寄集団が問題の解決に当たった。

以上、慶長期から寛永期にかけて、地域社会の問題解決には、「郡庄屋」「郡の年寄」が解決する構造を持っていたことがわかる。広域の支配に関わることは郡単位で、「郡の庄屋」「郡の年寄」が活躍した。

このように、戦国時代の地域社会の単位から近世初頭は、郡がひとつの単位となった。これは、統一政権での支配構造が郡代官を中心に行なわれたからであろう。例えば、天正一一年（一五八三）六月八日、河内支配を本格化した羽柴秀吉は上水分社に対して田地を寄進したがその発給者は石川郡代官伊藤秀盛であった(24)。事例三などは、郡を支配した代官との関わりであり、郡全体の問題であるため、郡規模での訴訟となったのは、当然といえよう。

一方、事例一は堤普請の単位が郡中となり、それへの負担と免除を決定するのは郡中が行なうということであり、事例二は、ひとつの神社の神主と坊主との対立が「郡の庄屋」を巻き込んだ問題となったことである。事例四も二人の百姓による法華千部経法要が地域を挙げての相論となった。

事例二の高安郡の玉祖神社は、当初三か村程度の氏子圏を持つ神社であったが、後に郡規模の産土神となった。

これは永禄五年（一五六二）の教興寺の戦いによって、この地域の最も権威のある宗教施設であった教興寺が退転したことと関連すると思われる。その後、高安郡は玉祖神社を中心に地域結集を果たす。後者三例は、下からの地域結集の事例と言えよう。

以上のように、郡は、上からも下からも結集する契機を持ちながら、ひとつの政治的単位となるのである。

## 四、大和川付け替え運動と郡

ここでは、中家文書にみられる貞享四年（一六八七）から元禄二年（一六八九）までの文書を基に付け替え運動と地域社会について考えたい。

まず、中家文書の当該文書を挙げる。

（史料一）「乍恐御訴訟」

端裏書から貞享四年の文書とわかる。大和川付け替えを求める文書。署名部分がなく、宛所も欠く。中九兵衛氏は河内国河内郡・若江郡・讃良郡・高安郡・大県郡・渋川郡・摂津国東成郡などの地域を想定している。

（史料二）貞享四年四月七日付「堤切所之覚」

大和川の決壊場所を示し、玉櫛川・深野池・新開池付近の河川改修に関する要望を書く。河内郡・若江郡・讃良郡・茨田郡・高安郡の五郡の郡名が書かれているが、捺印はなく写しとみられる。

（史料三）「堤切付箋図」

「堤切所之覚」と対応する絵図。南は大和川と石川が合流する付近から北は深野池、西は淀川と合流する地点、東は生駒山系までを描いたもの。

〔史料四〕貞享四年四月晦日付「乍恐御訴訟」

玉櫛川筋および深野池・新開池などの河川改良を訴えた文書である。河内郡・若江郡・讃良郡・茨田郡・高安郡の五郡の郡名と印が押されている。

〔史料五〕貞享四年八月廿五日付「乍恐口上書を以言上」

史料四と同じく、玉櫛川筋および深野池・新開池などの河川改良を訴えた文書で、同じく五郡の印が押されている。

〔史料六〕元禄二年一二月七日付「乍恐御訴訟」

河川合流地点である放出前付近の河川改良を願う文書。河内郡・若江郡・讃良郡・茨田郡の四郡の郡名が書かれた写し。(25)


ここで検討するのは、大和川付け替え運動そのものではなく、中家に残る郡単位での訴訟文書について考察することである。中家文書には、「郡」が捺印した文書の原本が二通ある。史料四と五である。この文書は、両方とも大和川付け替え運動をあきらめ、堤防改良をめざした文書である。

これらについては、すでに安村俊史氏の研究(26)があるので、それにしたがって、安村氏の考察から考えてみたい。ふたつの文書は、河内郡・若江郡・讃良郡・茨田郡・高安郡の五郡の郡名と印が押されている。ただし、二つの文書の各郡の印は別々のもので、史料四の河内郡の印は中甚兵衛の印で、他の四つは不明。史料五は、茨田郡の印が中甚兵衛の印で、河内郡の印は今米村年寄太右衛門の印であることが明確となった。安村氏はふたつの文書は、同一筆者からなり、中甚兵衛の手とみられること、文書は甚兵衛の独断で作成されたとは考えられないので、各村と相談の上、各郡の代表者が印を押したが、茨田郡はなんらかの事情があったのであろうとする。また、安村氏は中

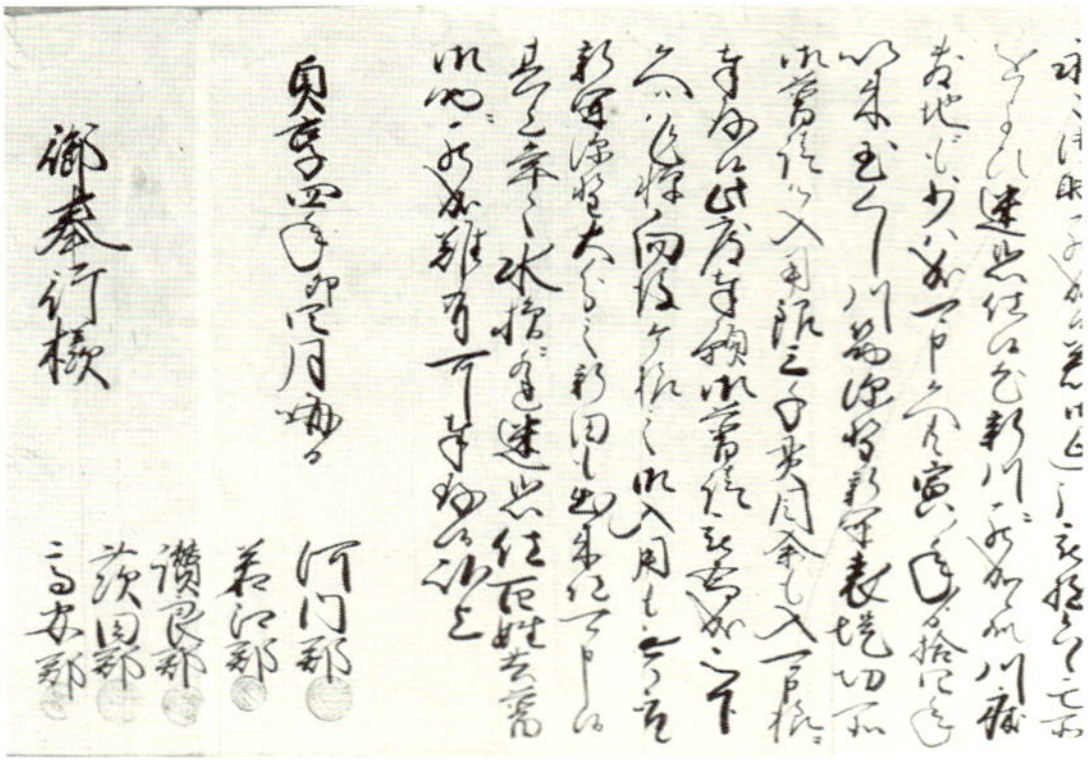

図4　史料4（N-070101）

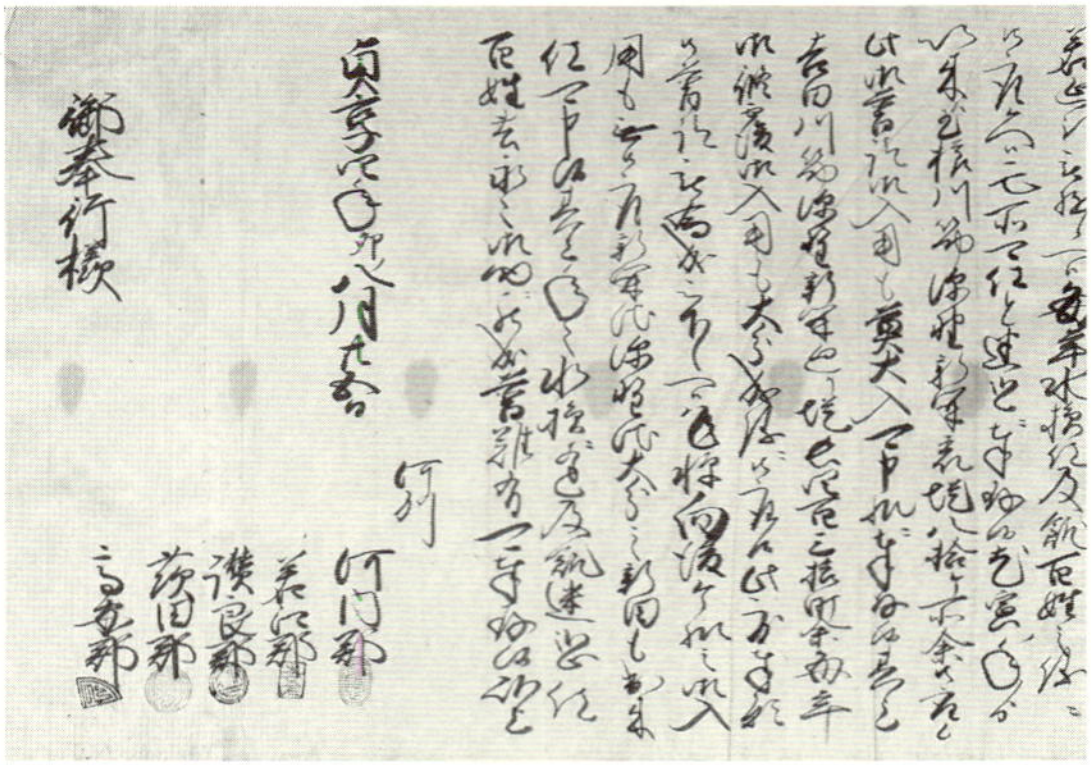

図5　史料5（N-070102）

家文書の伝世状況から、中甚兵衛は付け替え推進派ではなく、改良運動へと運動が展開して以後であろうとした。

また、八木滋氏は、摂津国住吉郡桑津村文書の大和川付け替え関連文書を紹介するなかで(27)、訴願者の印に注目した。それによれば、これら文書のなかには、「桑津村」などと村名の下に捺印された文書があり、それらは五か村だけが署名しているが、「摂州・河州水揚惣百姓代」とやや誇張と思える総称となっている文書があることや「摂州・河州村々惣百姓」と書かれた下に捺印された文書など、中家文書の郡名の下に捺印された文書と同様の史料があることを指摘した。八木氏はこれらを実体と理解すべきか、形式的なものか、便宜的使用か創出されたものかと結論を保留し、今後の課題としている。

八木氏の議論から言えば、付け替え反対派の文書である志紀郡太田村「柏原家文書」の元禄一五年五月付「乍恐川違迷惑之御訴訟」は、写しで捺印はされていないが(28)、末尾は三二か村の村名が並び、文書の表題の次には「河州志紀郡百姓・同国丹北郡百姓・摂州住吉郡百姓」とある。この史料も郡規模での訴訟を表わす史料といえるだろう。以上、安村氏・八木氏の研究をみると、この時期、実際の訴願者と文書に表記された国郡規模での訴願形態とが一致していないことは明確となった。

しかし、各村々が訴訟をする場合、郡や国の名で訴訟したのは、なぜなのか依然不明である。「郡」が法人格で訴訟をし、時の権力がそれに対してその表現方法を受け入れたのは事実である。村々が郡名を詐称したと考えれば、権力が問題にするはずである。これが問題にならなかったのは、両者に合意があったと考えるべきであろう。それは歴史的に形成されてきた公共性と対応するものであろう。

本論の方法から言えば、大和川と対応する地域は、古くから存在しており、近世初頭では郡規模の訴訟が多数見られた。中家文書などに見える郡規模での訴訟は、近世初頭の郡の庄屋・年寄の成立後、大きく変質しながらも、それを受け継ぐ形で訴願運動が展開したものと理解したい。

## おわりに

本稿は、旧大和川が鎌倉時代後期に流路を固定したとする仮説から出発した。地域や権力が、河川を維持管理してきた歴史を動態的に把握するなかで、大和川付け替えの歴史意義を考えた。

大和川付け替え後も、旧大和川地域は広域の用水組合が成立した。それ以前の用水関係は、四〜五か村規模のものが多く、広域の組織とはいえなかった。しかし、築留組合など旧大和川流域の各村は組合を作り、用水の維持管理をしてきた。現在も築留組合は活動している(29)。

しかし、近年農地が極端に減少し、用水の需要は、十数年前とは明らかに違ってきている。旧大和川地域という括りで地域課題が語れる時代は終わったのかもしれない。あるいは、旧大和川の堤防の美観や旧大和川の水質などの現代的課題が広域に展開するのか、今後の動向を見守っていきたい。

**註**

(1) 中九兵衛『甚兵衛と大和川―北から西への改流・三〇〇年』二〇〇四年
(2) 大和川付替二百五十周年記念顕彰事業委員会編『治水の誇り』一九五五年
(3) 『続日本紀』天平宝字六年六月戊辰条
(4) 大和川という名前はまだない。
(5) 現在の流路と違うが一定流路の固定がされていた可能性のある川と完全に自由に流れていた川のふたつに分ける必要があるかもしれない。
(6) 当然、大和川史にとって、旧大和川の歴史、新大和川の歴史があるように、旧大和川以前のプレ大和川時代が想定されるが、ここでは紙面の都合があり、割愛した。
(7) (財) 八尾市文化財調査研究会『八尾市文化財調査研究会年報　昭和六二年度』および、特別展図録『大和川つけかえと八尾』(八尾市立歴史民俗資料館、二〇〇四年)。なお、本書一〇四頁の大東市教育委員会の黒田氏によれば、深野池の西側堤防の成立はやはり鎌倉時代後期であるという重要な発言がある。
(8) 井上幸治「円覚上人導御の『持斎念仏人数目録』」(『古文書研究』第五八号、二〇〇四年)。
(9) この史料によれば、河内での導御の活動地は、以下のとおりとなる。なお、地名の順番は、史料で出てくる順番である。弓削庄、八尾木庄、金光寺太子堂(以上八尾市域)、若江蓮覚寺、稲庭庄(以上東大阪市域)、穴太郷、八尾新泉寺、今井郷、穴太郷佐堂(以上八尾市域)、小若江郷、岸田堂、蛇草里蓮花寺、太平寺金縁寺、小坂郷(以上、東大阪市域)、萱振(八尾市域)、蛇草郷、布施郷、高井田郷、柏田郷、衣摺郷、荒馬郷、木元郷、衣摺庄大蓮、長田庄、若江北条本庄（以上東大阪市域）、正覚寺（大阪市域）、善勝寺（不明）、新庄、玉櫛庄、鞍作郷（以上東大阪市域）、亀井庄（八尾市域）、茨田郡中振郷（枚方市域）。なお、初見史料の推定には、平凡社『大阪府の地名』を活用した。

(10) 佐久間貴士「発掘された中世の村と町」（『岩波講座日本通史』九、岩波書店、一九九四年）

(11) 鋤柄俊夫『中世村落と地域性の考古学的研究』大巧社、一九九九年

(12) 上田さち子「融通念仏の広がり」「大念仏寺の発展」「大念仏寺と練供養」（『新修　大阪市史』第二巻、大阪市史編纂所、一九八八年）

(13) 六別時の史料は、「紫雲山歴代録」（『法会（御回在）の調査研究報告書』元興寺文化財研究所、一九八三年）を参照。研究には大澤研一「融通念仏宗の六別時について」（『大阪市立博物館研究紀要』二四号、一九九二年）、同「融通念仏宗成立過程の研究における一視点―『融通大念仏寺記録抜書』の紹介を通して」（『大阪市立博物館研究紀要』二八号、一九九六年）

(14) 峰岸純夫「大名領国と本願寺教団―とくに畿内を中心に―」（『日本の社会文化史』二、講談社、一九七四年、のち戦国大名論集『本願寺・一向一揆の研究』一三、吉川弘文館、一九八四年）

(15) 河内十七か所は、枚方市周辺の広域地名。

(16) 出口は久宝寺とならぶ河内真宗の拠点である。

(17) 以上は、拙稿「戦国期の河内国守護と一向一揆勢力」（拙著『畿内戦国期守護と地域社会』清文堂出版、二〇〇三年）を参照。

(18) 『大日本古文書　金剛寺文書』三六五号（東京大学史料編纂所、一九七九年）

(19) 尾崎良史「近世初頭の玉祖神社領と「郡の庄屋」―「玉祖神社三位訴状（小堀遠江守裏判）」の紹介―」（『八尾市立歴史民俗資料館研究紀要』三号、一九九二年）

(20) 宮川満『太閤検地論Ⅲ』（御茶の水書房、一九六三年）、『羽曳野市史』五巻（羽曳野市史編纂委員会、一九九三年）

(21)『羽曳野市史』二巻（羽曳野市史編纂委員会、一九九八年）
(22)『大日本古文書　観心寺文書』六九二号（東京大学史料編纂所、一九七九年）
(23)『大日本古文書　観心寺文書』六九五号
(24)「水分神社文書」
(25)以上の史料は、安村俊史「大和川付け替え運動の転換期―貞享四年の中家文書より―」（『柏原市立歴史資料館館報』第一七号、二〇〇五年）および八尾市立歴史民俗資料館図録『大和川つけかえと八尾』（二〇〇四年）を参照。
(26)註（25）参照。
(27)八木滋「摂津国住吉郡桑津村文書」（『大阪歴史博物館研究紀要』第四号、二〇〇五年）
(28)八尾市立歴史民俗資料館図録『大和川つけかえと八尾』二〇〇四年
(29)これについては、八尾市立歴史民俗資料館図録『大和川つけかえと八尾』二〇〇四年を参照。

〈付　記〉

大和川流路の変遷について、阪田育功氏「河内平野低地部における河川流路の変遷」（『河内古文化研究論集』一九九七年）がある。今回、これを看過したため本文に生かせなかった。合わせて参照いただきたい。なお、本稿はシンポジウム後、数年を経過したため、その後の研究を含めて再考察したものだが、当日の論旨に変更はない。

# 新大和川と依網池

市川　秀之

## はじめに

大和川の付け替え工事は、慢性的な洪水に悩まされてきた中河内地域の生産力を高める一方で、新大和川が敷設された地域に対しても大きな影響を与えた。新川敷設のための田地の接収、新川による水利の遮断、新川堤による排水の悪化、西除川など中小河川の付け替えとそれにともなう新田開発など、付け替えの影響は多岐にわたるが、ここではこれらを集約的に観察することができる依網《よさみ》池周辺に対象をしぼり、新大和川敷設が地域社会に与えた影響について報告したい。現在の大阪市住吉区南部から堺市北部にかけて存在した依網池は、狭山池などと並んでわが国でももっとも古い段階で文献に登場する溜池であり、近世初期にはその面積は狭山池を凌いだと考えられる。しかしながら、現存しないこともあって、今日ではその名を知る人も少ない。依網池の縮小・消滅の遠因もまた大和川の付け替えに求められるのである。依網池という忘れられた溜池の歴史を探る上でも、新大和川敷設との関係は非常に重要な要素であるといえるだろう。

## 一、付け替え以前の依網池

依網池は『古事記』崇神天皇段に「又、是之御世、作依網池」、また『日本書紀』崇神天皇六二年一〇月条にも「十月、造依網池」とその築造記事が載せられる古いため池である。また『古事記』応神天皇段には次のような歌がのせられている。(1)

美豆多麻流、余佐美能伊気能、韋具比宇知賀、佐斯祁流斯良邇、奴那波久理、波閇祁久斯良邇、和賀許々呂志叙、伊夜袁許邇斯弖　伊麻叙久夜斯岐

水溜る　依網の池の　堰杙打ちが　挿しける知らに　蓴繰り　延へけく知らに
我が心しぞ　いや愚にして　今ぞ悔しき

この歌に登場する「ぬなは」とはジュンサイのことである。ジュンサイはそれほど深い池には生息せず、古代において依網池が水深の浅い溜池であったことがうかがわれる。また崇神記以外にも、『古事記』仁徳天皇段には「又、作丸邇池・依網池」、さらに『日本書紀』推古天皇一五年にも「且河内国作戸苅池・依網池、亦毎国置屯倉」と依網池の築造記事は都合三回も登場する。依網池の築造年代については、狭山池よりさらに古く五世紀頃にできたという説が出されてきているが、溜池本体の発掘調査が未実施であるため正確な年代は不明というしかない。(2)しかし記紀への掲載される回数をみても、築造年代の古さやその規模の大きさ、景観などの面でそれが古代を代表する溜池であったことは疑うべくもないだろう。

依網池の復原は森村健一(3)、日下雅義(4)らによって行なわれているが、二〇〇三年に川内眷三によって行なわれた復原的研究(5)は池の部位の間数が明示された「依羅池古図」（寺田家文書）を利用したものであり、非常に精度が高いも

のである。川内氏作成の復原図（図1）によると付け替え工事以前の依網池は新大和川の南北に広がり、その満水面積は約四二万八〇〇〇平方メートル、水深は最も深いところで三～三・五メートル、平均では一～一・五メートル程度の規模であった。川内氏は満水時の貯水量を最大五〇万立方メートルと推測されているが、この水量は降雨量の少ないこの付近の農民の生活に大きな意味合いを持ったに違いない。

次に大和川付け替え以前の依網池の水利形態についてみていきたい。依網池の周囲は近世初頭においてもすでに開発しつくされた平野、台地であった。地形から推定される当時の集水域の面積が広大なものであったとしても、

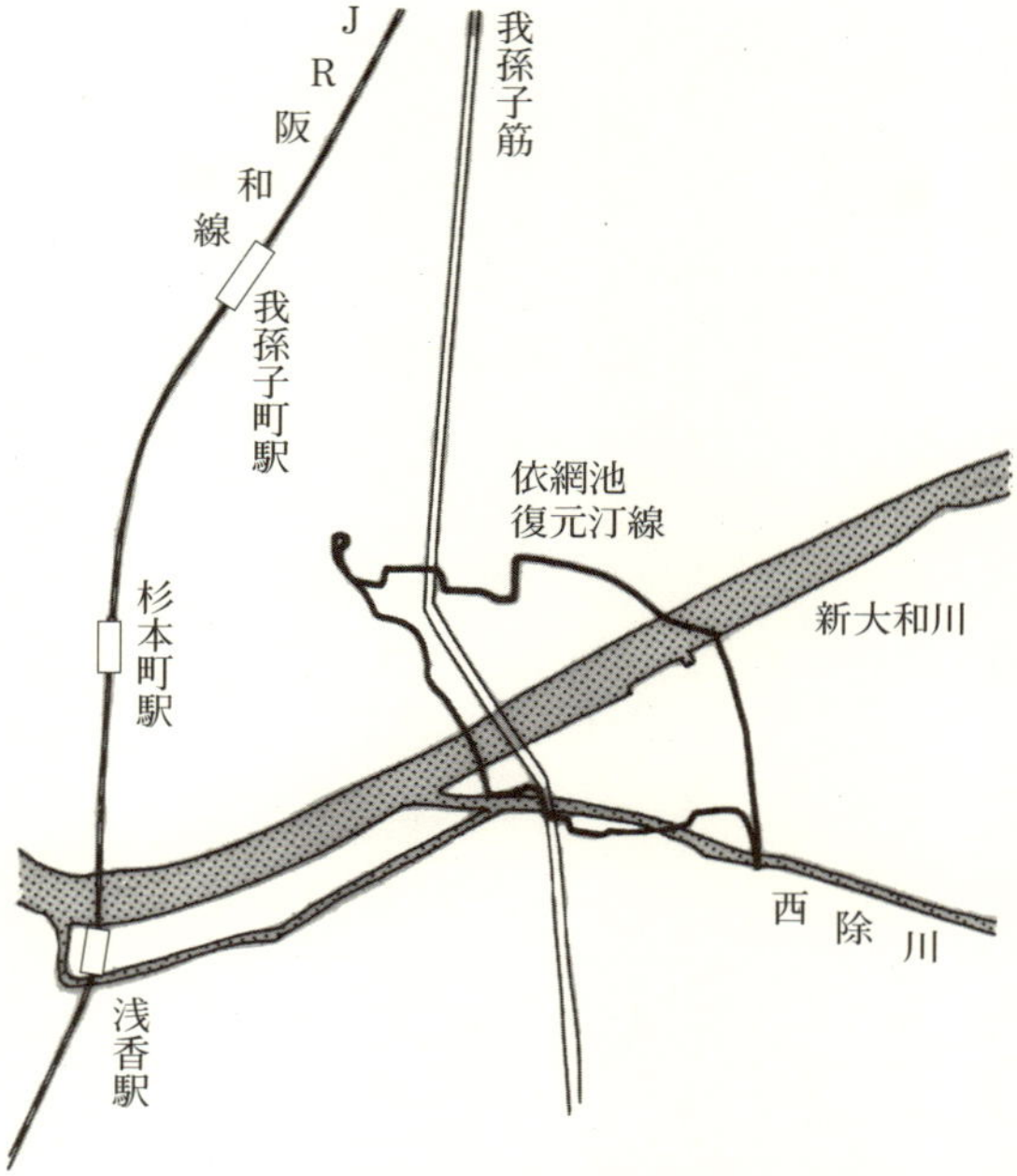


**図1　依網池位置図**（川内眷三「近世初期の依網池の復原とその集水・灌漑について」より作成）

上流にも当然、水田や溜池が存在しており、独自に集水し満水に達するのは困難であったに違いない。このような事情もあって近世初頭の段階では依網池は西除川に設けられた堰から水を引き、池の南東隅から取水するといった取水・貯水方法を取っていた。西除川の水は狭山池西樋から流れ出しており、依網池は狭山池の子池のひとつとして狭山池水利の一部を形成していた。狭山池池守田中家の水割符帳によると、慶長一七年（一六一二）には、依網池周辺の村落のうち、大豆塚・北花田・前堀・杉本・我孫子・庭井・苅田が狭山

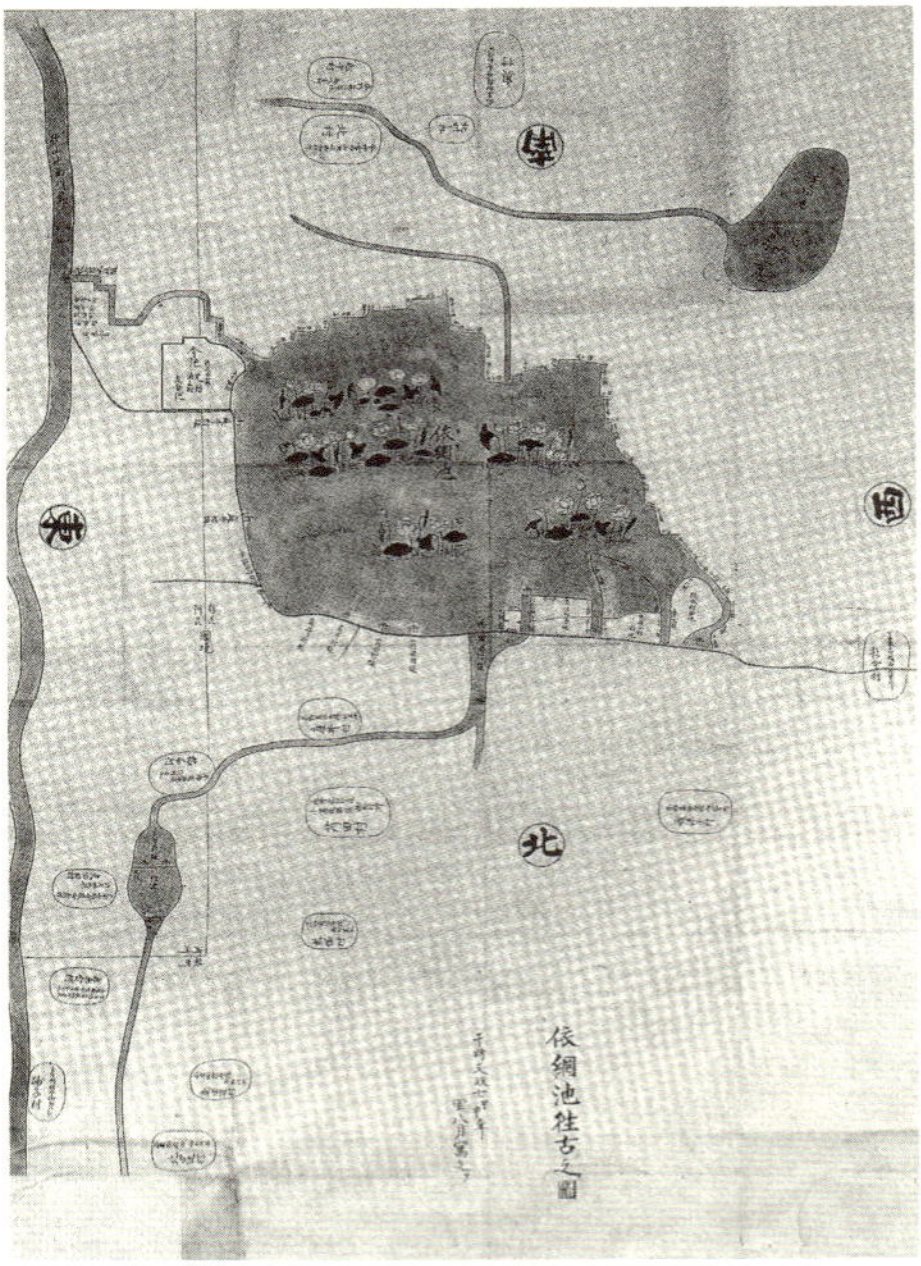


図２　依網池往古之図

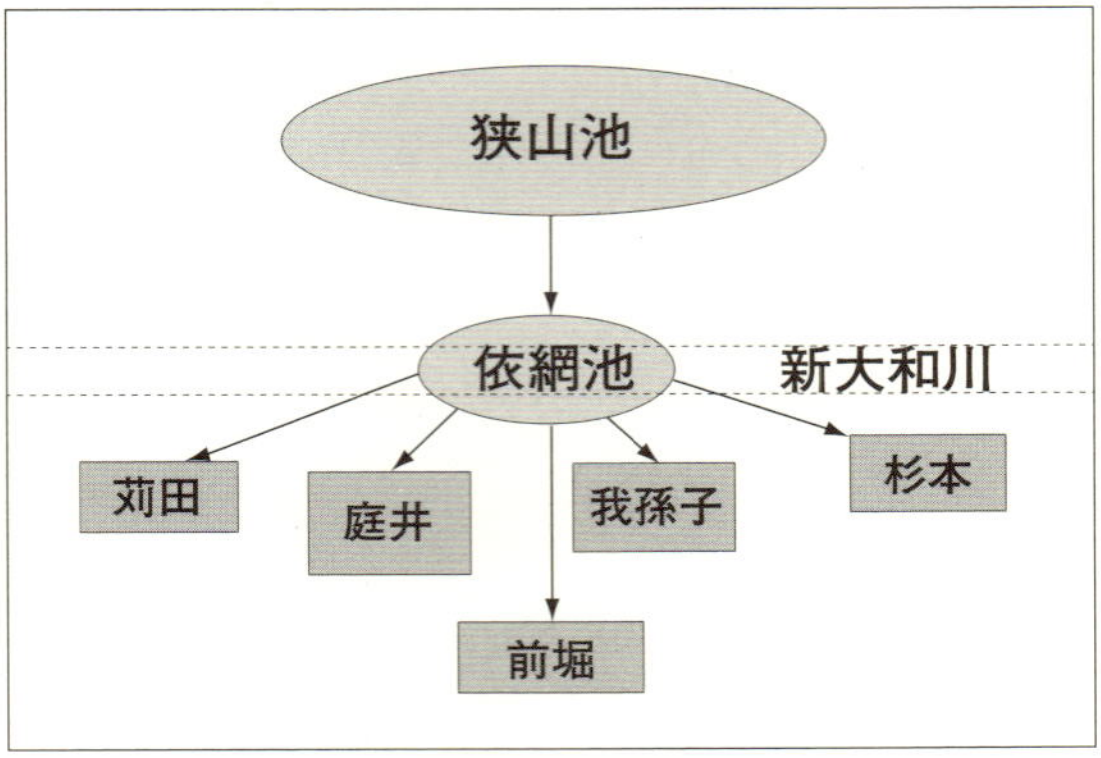


図３　近世前期の依網池と周辺村落

池用水に加入していた(6)。図2に示した「依網池往古之図」(7)は、文政七年（一八二四）に筆写されたものであるが、元の図は一七世紀後半のものと思われる。この図にも西除川から依網池に水を引く様子が描かれているが、そのほかにも当時の水利の状況をうかがわせる記載がみられる。この絵図には東側、北側に合計一〇か所の樋が描かれている。東側から四つめまでは庭井村の樋、ついで四つが苅田村の樋であることは絵図に記されているが、西側の二つについてはどの村の樋とも記されていない。その位置からみて最も西が杉本村、次が我孫子村の樋であったと思われる。前堀村については苅田村の樋から出た水を下流で利用していたのであろう。当時の狭山池・依網池・各村

図４　寺田家蔵狭山池水下図

の水利関係をモデル化すると図3のようになる。また北側の堤の内部が西側では一部水田化されていることにも注目しておきたい。依網池は地形的にみると東半分は氾濫原であるが、西半分は中位段丘に所在していた。したがって西半分の水深はきわめて浅かったと推測される。その部分においてはすでに付け替え以前から水田化が進行していたのである。この絵図では池の内部に蓮の花が描かれている。また延宝二年（一六七四）には池のマコモの採集をめぐって我孫子村と苅田村の間で争論が生じている。[8]マコモ・蓮あるいは先にあげたジュンサイなどはいずれも水深の浅い淡水面に植生するものであり、当時の依網池の状況がうかがわれる。さらに「依網池往古之図」には池より南側、すなわち上流側にも奥村・北村・船堂村などの名が見られる。依網池とこれら上流側の村落の関係を考えるためには、時代をさらに中世にまでさかのぼる必要がある。室町時代末期、依網池周辺には五箇庄と呼ばれる荘園があったことが大徳寺文書の寄進状などからわかる。[9]『日本地理史料』によると、五箇庄は堀・追分・杉本・山内・吾孫子・前堀・庭井・船堂・北花田・大豆塚・奥の一二か村からなっていたという。(10) 五箇庄は船堂・北花田・大豆塚・奥など上流部の村も含んで構成されていたのである。現在も池の東側に鎮座する大依羅神社は依網池の守護神であるとともに五箇庄の鎮護をつかさどった神社であると思われるが、同社には南北二本の参道がある。この参道の構成は池の南と北の村落によって構成されていた五箇庄の姿を彷彿とさせるものである。ただし地形的にみると、上流の村落が農業水利の面で依網池の権益を有したとは考えがたい。しかしながら先にも述べたジュンサイ・蓮・マコモ、あるいは肥料として貴重であった藻などの植物資源の採取、さらには池の魚や野鳥などの捕獲の場として依網池の機能が多岐にわたっていたことを思えば、溜池を中心とし上流部を含んだ広範な村落連合が存在したことも理解できるだろう。

## 二、付け替え反対運動

依網池の中心を新大和川が貫通することは池を利用してきた人々にとって認めがたいことであった。池が二つに分断されるだけではなく、新川より北側については狭山池水利からも分断されることになるからである。したがって依網池以北の村落が付替え反対運動に参加したことは当然である。表1は苅田・庭井・我孫子・杉本の四か村の反対運動への参加状況を示す表である。(11)

この表のうち天和三年（一六八三）の反対運動にこの地域の村々が参加していないのは、このときの計画では新川設置ルートが現在の阿倍野区あたりを通るはるか北側のものであったため直接的な利害関係がなかったためであ

表1　新川反対運動への参加状況

| | 延宝4（1676） | 天和3（1683） | 元禄16（1703） |
|---|---|---|---|
| 苅　田 | | | ◎ |
| 庭　井 | ◎ | | ◎ |
| 我孫子 | ◎ | | ◎ |
| 杉　本 | ◎ | | ◎ |

ろう。元禄一六年（一七〇三）の反対運動に際しては訴願のために二枚の絵図が作成され、そのうち一枚は苅田の寺田家に、いま一枚は依網池に東接して建つ大依羅神社に保管されている。ともに狭山池から流れ出す水路をやや誇張気味に描いたものであるが、寺田家所蔵の絵図には白い帯状の紙が張られている（図4）。これは新大和川のルートを示したもので、付け替え工事が行なわれると依網池関係の諸村では上流からの水利が断ち切られることを強調する目的で作成されたものと思われる。寺田家所蔵絵図には裏貼紙があり、次の内容が記されている。

扣

一　此絵図ハ元禄十六年未四月六日堤奉行万年長十郎様小野朝之丞様先年之川筋御見分之時訴状絵図差上候ニ付

一　御巡見稲垣対馬守様荻原近江守様石尾織部守安藤筑後守様大坂ニ而五月十九日御訴訟ニ相成近江様江絵図訴状持参在候処御返シ

一　五月廿六日長十郎様大坂御奉行へ訴訟申絵図訴状御披見御返シ被成候

すなわちこの絵図は元禄一六年四月六日に万年長十郎らが現地を巡検したときに差し出され、その後五月一九日にも提出されたものであるが、勘定奉行荻原重秀より返されている。これはもちろん訴願した村々の要望が拒絶されたことを意味している。

## 三、付け替え工事

宝永元年（一七〇四）二月に開始された付け替え工事は、依網池周辺の人々にどのような波紋をあたえたのだろうか。苅田の寺田家に残された「御訴訟御願控帳」は、大和川付け替えに関連して苅田村などから出された訴状を記したものであり、また工事関係の記録については日記的に記されている[12]。付け替え前後のこの地域の動きを知る上でまたとない史料である。以下、「御訴訟御願控帳」によりながら、付け替え工事の進捗に依網池周辺地域の村々がいかに対応したかをみてみよう。

元禄一七年（＝宝永元年・一七〇四）二月五日に我孫子村・前堀村・苅田村らの庄屋から万年長十郎あてに出された訴状では依網池の真ん中を新川が通ることを嘆いた上で、川より北に残る池を今後とも溜池として利用できるよう訴えている。これに対して訴状は返され巡見に訪れる江戸衆に見せるように指示されている。工事着工の直前になっても、今後の依網池について明確に決定されていなかったわけで、幕府は各地域の今後の水利などについてあまり考慮しないまま付け替えを決定したことがよくわかる。五か村が共同利用する依網池にしてこの状態であるから他地区についても同様であったのだろう。この訴状についで工事開始直後の傍示杭の杭打ちの様子が日記的に載せられているので、紹介しておこう。

・二月一八日　新川筋の東側から新川の範囲を示す傍示杭を打ち始め、川辺まで打ち終わる。
・二月一九日　雨で作業中止。
・二月二〇日　杭を新川河口予定地の七道まで打ち終える。
・二月二二日　杭を一町ずつ打っていく。

なおこの作業の中、依網池周辺村の庄屋たちは、先の訴状を現地を訪れた万年らに再び差し出しているが取り上げられなかったことも書かれている。

次に掲載されている訴状は工事完了直後の宝永元年一一月に苅田村の庄屋・年寄・組頭ら計一〇人から領主の高槻藩にだされたものである。これは工事中の五月二五日から一一月二五日までの間、苅田村に関係の藩士が宿泊しこれに対して銀四〇枚を下されたが、そのほかにも苅田村にはいろんな入用がかかったり人足に出たりしたうえ、農繁期には日用を雇って農業をしたりしたので、その分の入用銀の下付を願い出たものである。工事に関連して新川に沿った村々にはさまざまな負担が生じたことがわかる。

## 四、工事後の依網池

宝永元年一〇月、工事は工期九か月という今日では信じがたいスピードで完了した。「御訴訟御願控帳」には工事後の依網池についての史料もいくつかみられるので続いて紹介しておこう。

先ほどの訴願の帰結は不明であるが、結果として新川より北側の依網池は残されることになった。問題はこの池にどのようにして水を入れるかである。池のすぐ南には新大和川が流れているので、北堤に樋を設けて川から水を入れればよいのだが、この時に依網池の池底の水位が高くて水が入りにくいという問題が生じた。一一月七日には苅田村の庄屋・年寄から高槻藩と普請奉行に対して池底の掘り下げと新しい水路の設置を訴願している。新川敷設による苅田村の水利の悪化は深刻であったようであり、一二月一八日に出された訴願においては「大和川大水下り申候得共、用水之時分ハ一水も下り不申」と惨状を訴え、この年の年貢三〇石の納入を翌年の麦の収穫期まで延引することを求めている。結局この池底の掘り下げ工事は翌宝永二年の冬に実施されることとなった。宝永二年一二月に苅田村・前堀村・我孫子村・杉本村・庭井村の庄屋から出された訴状では平均四尺の床堀を領主の費用負担において求めている。これは認められ翌三年正月二七日には堤奉行による見分も行なわれている。ただしこの工事は農民たちの要求がすべて認められたものではなく池の半分を深さ二尺掘り下げるといった内容であった。宝永三年三月八日に五か村の庄屋・年寄から万年長十郎らに出された訴状においては、残りの工事の施工が強く求められている。

「御訴訟御願控帳」の内容は宝永三年で終わっているので、その後の依網池の様子は寺田家に残された絵図などから断片的にわかるだけである。新川が依網池の真ん中を通ったために池は南北に二分されることになったが、南側の池については北側に新川があるため灌漑すべき範囲がなくなり、ほどなく新田開発されてしまった。寺田家文書「庭井・北花田・船堂・奥村争論曖絵図」(13)は付け替えから二〇年を経た享保九年（一七二四）に新川以南を描いた絵図であるが、この時点では南側の池は完全に新田開発されて庭井新田になっている。それでは北側の池についてはどうなったのだろうか。

依網池は元来が水深の浅い池であり、面積に比して貯水量はそれほど多くなかった。また新大和川から水を取り入れる都合もあって付け替え直後に池床の掘り下げが行なわれたことは先に述べたとおりである。このとき出た土は池の内部に置かることになり宝永六年（一七〇九）一二月一五日に作成された「依網池土捨場絵図」(14)には三箇所の土捨場が描かれている。絵図の添書によると土捨て場の境界には杭を打って、毎年三月二日にはこの絵図を持って依網池を利用する五か村が現地で確認することになっていた。これは土捨て場が無秩序に拡大し、依網池の灌漑能力がさらに低下することを防ぐ目的であろう。しかしながら依網池の貯水能力の低下は避けられなかったようで、享保八年（一七二三）には我孫子村が池のうち四町を新田開発している。(15)我孫子村は池のほぼ真ん中を新田としたため北側の池はさらに二分されることとなった。そして享保八年（一七二三）には我孫子村以外の杉本・苅田・庭井・前堀の四か村が池床を分割している。この時には各村の石高に応じて池の面積が割り振られ「依網池池床四ヶ村分割絵図」(図5)(16)が作成されている。長らく五か村立会いの溜池として管理・利用されてきた依網池は立会池としての歴史を終え、四か村が単独で利用する池の集まりとなったのである。それぞれの村の池床は村の領域の近くに設けられているが、池から離れた前堀村だけは新大和川ぞいの南の部分に割り当てられている。享保一四年（一

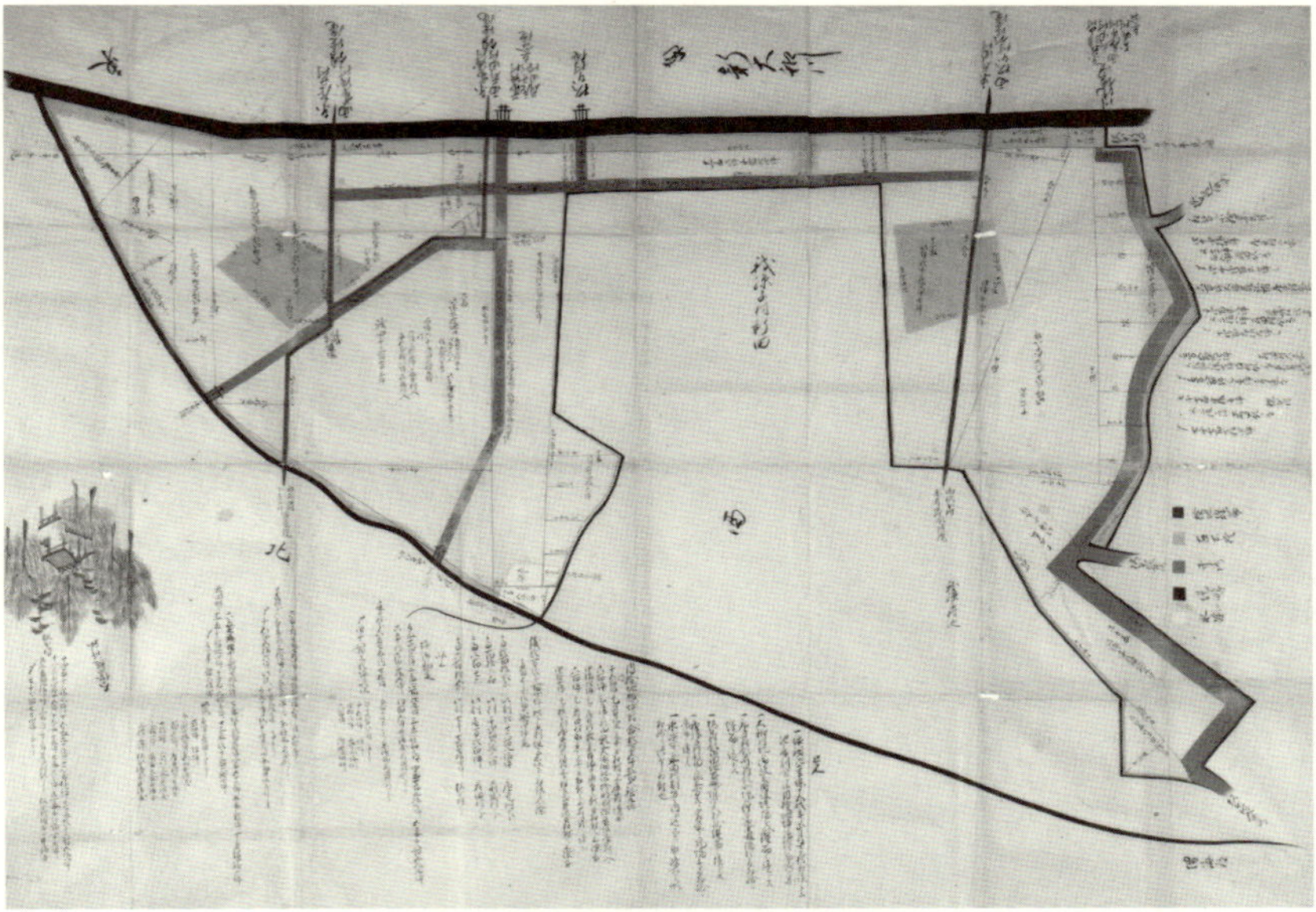

図５　依網池池床四ヶ村分割絵図

七二九）に作成された「覚」にはそれぞれの池床の内部においては自由に池を掘ってよいことが書かれている。また各村の池床の境界には年代は明確ではないが堤が設けられたようである。

依網池内の新田開発や池床の分割が行なわれたのは、付け替えから二〇年程度後の享保期であった。その後の経緯は史料もなくよくわからないが、明治一九年「陸地測量部仮製地形図」によると、「依網池池床四ヶ村分割絵図」に描かれたものよりは池内の水田の面積が少し増えているものの、依網池は享保の姿をほぼ保っている。苅田・庭井・前堀・杉本の四か村にとって依網池の水利はやはり重要であったのである。またこの四か村だけではなく、早くに依網池を新田開発した我孫子村にも大和川付け替えによる依網池の縮小は甚大な影響を与えている。付け替えによって庭井村では三〇・一パーセント、杉本村では二一・七パーセントの村高が減少したが、付け替え以後我孫子村では村高七八四石のうち二二四石が荒地となり耕作の放棄を余儀なくされている。[17] 我孫子村の依網池内における新田開発はこのような窮乏状況に対する不可避の対応であったに違いない。大坂や堺という大都市にほど近い我孫子では、田地を捨てた農民は都市労働力として吸収されていったことも推測されるだろう。

依網池が完全に埋められたのは昭和に入ってからである。昭和一〇年代に幹線道路として我孫子筋が開通した際、杉本村領の依網池はほとんど埋め立てられた。またその他の部分も昭和四〇年代に小学校や高等学校の敷地となって埋め立てられ、最後に残された部分も昭和五〇年代にグランドとなってしまった。このようにしてわが国最古の溜池の一つともいうべき依網池は地上から姿を消すに至ったのである。大依羅神社の参道脇に建つ石碑だけが今日では依網池の歴史を伝えている。

また付け替え以前は依網池に依存していた村落は同時に狭山池の水利体系の中にも含まれていたのであるが、付け替えによって西除川自体の流路も合流点で新川に水位を合わせるために変化し、残された依網池の北半分に西除川から水を引くことも不可能になったため、これらの村落は狭山池水利から脱退することとなった。付け替え以前には新大和川以北の村落で狭山池水利に属している村落は依網池関係村落以外にも随分あったが、いずれも同様の理由で脱退していった。慶長一七年（一六一二）には約五万五〇〇〇石であった狭山池の灌漑範囲の石高は、付け替え後の享保四年（一七一九）には約三万四〇〇〇石に減少している。[18] 大和川付け替えは依網池だけではなく、その親池である狭山池にとっても大きな画期となったのである。

## まとめ

以上、大和川付け替えが依網池とその周辺村落に与えた変化について概観してきた。付け替えが在地の農業生産

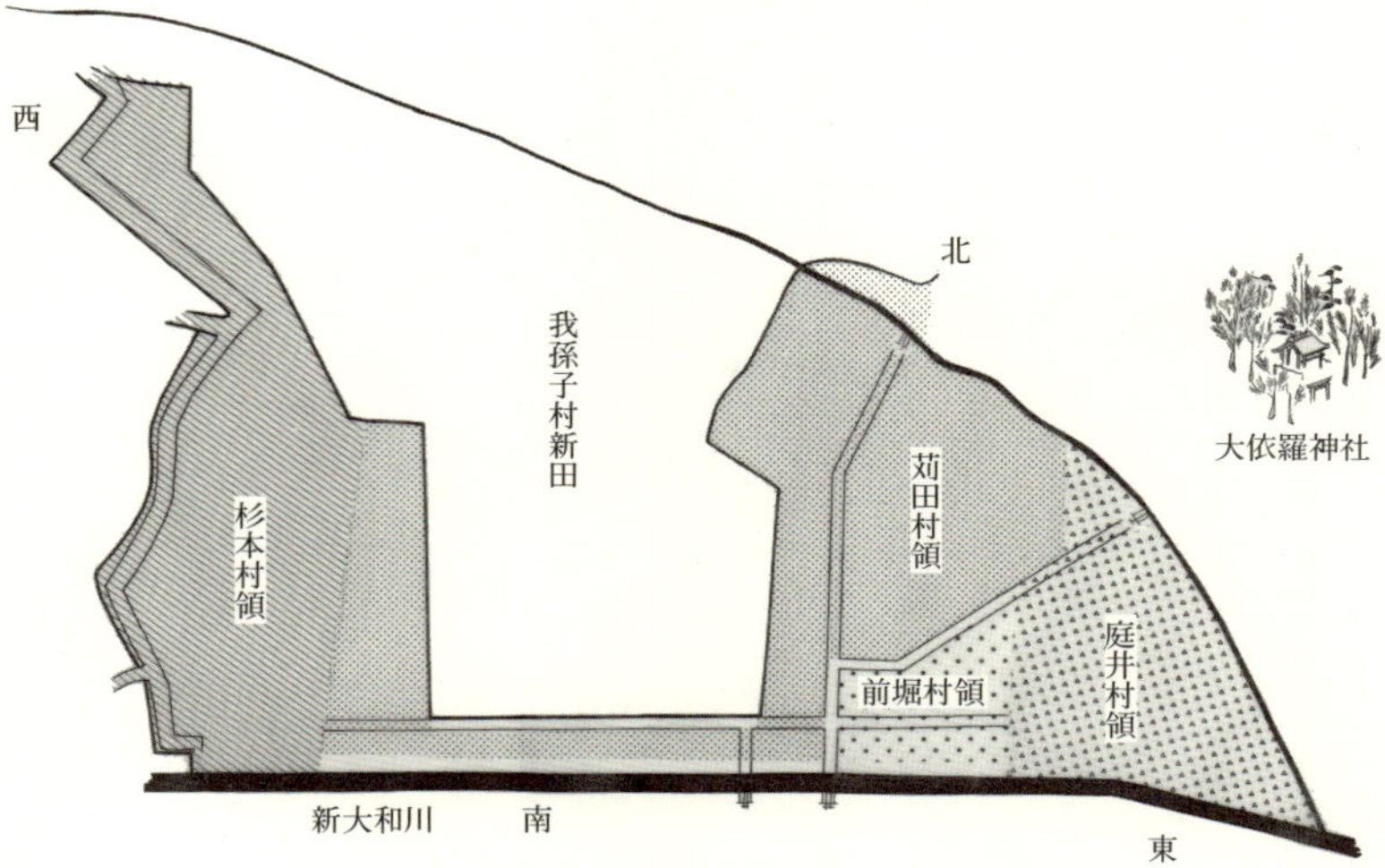


**図6　分割された依網池**（「依網池池床四ケ村分割絵図」より作成）

力に大きな打撃をあたえたことは間違いがないが、同時に村落間の関係性に根本的な変容をもたらしたことにも注意しておかなければならない。以下、まとめにかえて、依網池をめぐる村落関係について整理をしておきたい。

中世後期においては依網池の南北の村落が五箇庄として惣郷的な結合を保っていたことが想定される。生産面では依網池が水を供給するとともに、山林に代わる採集・狩猟の場として村落間の結合の基礎となり、また宗教的には大依羅神社が結集の場となっていたと思われる。近世初頭、狭山池が片桐且元によって大改修され、その水利システムが再整備されると同時に依網池周辺村落は狭山池水利に加入する。ただ池以南の船堂・大豆塚などは狭山池水利に加入しているものの、西除川から引いた水路から灌漑をおこなっていたと思われ、池より南の村落にとっては依網池のもつ重要性は大きく低下したものと思われる。また近世初頭には各村落においても溜池の新築や整備が進められている。これは惣郷とは独立した近世的村落の確立を意味するが、その結果水利を媒介とした村落間結合も当然のことながら弱くなっていく。大和川付け替えとそれに続く依網池の分割は、このような傾向をさらに推し進める結果となった。村落を単位とした水利が確立し、これによって中世的な村落結合は完全に分解するに至ったのである。このように村落間の紐帯が弱体化し、各村落の独立性が顕著になっていく傾向は、近世前期に一般的にみられるものであるが、依網池周辺村落については大和川付け替えという大事件がそれに拍車をかけたのである。

**註**

（1）倉野憲司・武田祐吉校注　日本古典文学大系1『古事記　祝詞』岩波書店、一九六四年
（2）日下雅義『歴史時代の地形環境』古今書院、一九八〇年など
（3）森村健一「記紀にみる依羅池について」『大和川・今池遺跡―第一地区発掘調査報告書―』大和川・今池遺跡調査会、一九七九年
（4）日下雅義『歴史時代の地形環境』古今書院、一九八〇年
（5）川内眷三「近世初期の依網池の復原とその集水・灌漑について」『四天王寺国際佛教大学紀要（人文社会学部）』第三五号、二〇〇三年
（6）田中家文書「狭山池大樋出ス割符帳」（『狭山池史料編』狭山池調査事務所、一九九六年所収）
（7）寺田家文書
（8）寺田家文書「覚」延宝二年六月一〇日
（9）「奉寄進田地事」文明三年八月一二日（『大日本古文書』家わけ一七―三所収）
（10）山崎隆三編著『依羅郷土史』大阪市立依羅小学校八五周年記念事業委員会、一九六二年
（11）中九兵衛（好幸）『甚兵衛と大和川』二〇〇四年、一〇九ページの表より作成

(12)「御訴訟御願控帳」は所蔵者の寺田孝重氏によって全文が翻刻されている。
寺田孝重「寺田家文書『元禄十六年　御訴訟御願扣帳』について」『大阪府立狭山池博物館研究報告』二、二〇〇五年

(13) 寺田家文書

(14) 寺田家文書

(15) 寺田家文書「依網池床新開立会絵図」享保八年五月

(16) 寺田家文書

(17) 山崎隆三編著『依羅郷土史』大阪市立依羅小学校八五周年記念事業委員会、一九六二年

(18) 田中家文書中の割符帳類による。

本稿は筆者が大阪狭山市教育委員会に勤務していた際に、二〇〇四年一一月のシンポジウムで発表した内容である。その後、大阪府立狭山池博物館の研究報告にも、ほぼ同様の内容に付け替え後の依網池に関する史料を追加したものを掲載しているので、参照されたい。多くの史料をご提供いただいた寺田孝重氏に文末ではあるが謝意を表したい。

市川秀之「大和川付け替えと依網池の変容」『大阪府立狭山池博物館研究報告』二、二〇〇五年

# 大和川の付け替えと都市大坂

八木　滋

## はじめに

従来、大和川の付け替えについては、新旧大和川流域の農村部や堺との関係で論じられることが多く、旧大和川下流に位置する巨大都市大坂との関連では、あまり論じられることがなかった。後で詳しく述べるが、福山昭氏が一七世紀末に河村瑞賢が行なった大坂治水事業と関わって言及している程度である(1)。また、付け替え工事や付け替え後の新田開発についても、それ自体についての研究はあるが、都市の視点から見た研究はほとんどないと言ってよい。

筆者の準備不足もあって、本稿では、大和川の付け替えと都市大坂に関して具体的な史料をつかって論じることはできないが、かかる視点に関する研究史を筆者なりに再整理し、今後の研究課題をさぐっていくことで、その責めを塞ぎたいと思う。その際、まず近世都市大坂の都市開発の経過の中で、大和川の付け替えがどのような位置にあるのか、という点から整理していきたい。

## 一、一七世紀前半の近世大坂の都市開発

### (1) 豊臣期の大坂[2]

近世都市大坂建設の端緒は、天正一一年(一五八三)の豊臣(羽柴)秀吉の大坂築城である。当初の城下町建設計画は、上町台地上を南へ、四天王寺・堺へと続くというものであった。実際には大坂城と四天王寺の間に平野町がつくられ、その両側に寺町が配置された。大坂城の惣構は、北は大川、西は東横堀、南は空堀、東は猫間川となっていた。つまり、大坂城とその城下町は、上町台地上に、南北方向を軸に建設されていったのである。

これが転換したのが、慶長三(一五九八)年の秀吉の死の直前に行なわれた三の丸の造成である。三の丸が造成された惣構内の上町には武家屋敷や町家が混在していたが、この造成により「大坂町中屋敷替」が行なわれ、三の丸造成地の代替地として東横堀の西に「船場」が開発された。これにより、近世都市大坂の都市計画は上町台地上の南北方向から、東西方向へと転換することになる。

豊臣期に、どのような形で都市開発が行なわれたかは未詳である。「平野町」には平野から商人が誘致されたようであるし、姫路の豪商が町屋敷を所持していることが確認されることから[3]、近隣都市の町人・商人が開発に従事したことが想定される。

### (2) 徳川期初期の都市開発

慶長二〇年(一六一五)の大坂の陣で、豊臣期に開発された大坂の城下町は灰燼に帰した。陣のあと大坂城主となった松平忠明の時代から幕府直轄領になった時期に都市大坂は復興を遂げていくことになる。この時期の都市開発は、単に豊臣期の城下町を再興しただけではなかった。従来の上町・船場・天満に加えて、西船場や島之内が開

発されていった。この開発は堀川の開削と合わせて行なわれたものである。近世に新たに開削された大坂市中の堀川の大半はこの時期に開削されたものである。(4) このような都市建設のあり方については、内田九州男氏の研究に詳しい。(5) そして、寛永一一年（一六三四）の将軍家光来坂の際の地子免除は、その都市大坂の再建を象徴するものであった。

さて、この一六一〇年代後半から三〇年代なかばまでの都市建設は、塚田孝氏が指摘するように、(6) 道頓堀の開削が継続されたり、屋敷割りが維持されたりと、豊臣期との連続性が見て取れる。その意味で、一六三〇年代なかばで近世都市大坂の骨格ができあがったと言うことができよう。また、この時期の都市開発の担い手は、大坂やその周辺の商人や有力者であった。豊臣氏にしても徳川幕府にしても、彼らの資本に依拠して都市開発を進めたのである。

（3）一七世紀なかばの開発

一六三〇年代なかばで、大坂の都市開発はいったん落ち着きを見せているが、海に沿った部分では新たな新田開発などが進んでいった。

寛永年間には、淀川河口部にあった四貫島や九条島が、幕領代官香西哲雲（高西夕雲）や九条村の有力者池山新兵衛によって開発された。(7) 例えば香西哲雲は幕領代官ではあるが、それらの開発が幕府の政策で行なわれたということではなく、池山も含めて開発者の力量によって、進められていったものである。開発の手法としては、それまでの形式を引き継いでいると言ってよい。(8)

さらに、寛文一二年（一六七二）には、同じく四貫島・九条島・三軒家島・木津島の計二二六町が新田開発された。この開発の主体はあきらかでないが、これも前代の開発を踏襲したものと考えられる。しかし、ここで開発された新田は、次の時期に否定されていくことになるのである。

## 二、一七世紀後半の近世大坂の都市開発

### （1）畿内における幕府の治水事業[9]

一七世紀後半になると、山林での土砂の流出が激しくなり、淀川・大和川水系で洪水が頻発するようになる。また、河口部の大坂でも川底に土砂が堆積し、水の流れが悪くなったり、通船の妨げになることも多かった。そこで、幕府も天和三年（一六八三）二月若年寄稲葉正休、大目付彦坂重紹、勘定頭大岡清重、河村瑞賢らを派遣して、淀川・大和川水系や大坂の海岸部を詳細に視察させた。これに基づいて、幕府は河村瑞賢を中心に治水工事を行なうこととした。河村瑞賢は、もともと材木商・土建業を営む商人であったが、彼の物資調達能力・技術力が買われて幕府や諸藩の海運や治水事業を請け負った。この一七世紀終わりの河村瑞賢の大坂周辺の治水事業は、彼の力量によるところは大きいが、事業の主体はあくまでも幕府であり、前の時期の事業のあり方とは変化していることを確認しておきたい。

また、寛文一二年に開発された新田は、この視察のあと撤廃が決められた[10]。

### （2）河村瑞賢の治水事業（その1）

一七世紀末に幕府が行なった大坂とその周辺での治水事業は、貞享元年（一六八四）～三年と元禄一一年（一六九八）の二度に大きく分かれる。

まず、貞享元年からの事業では、淀川・大和川筋の川幅の拡張、河口部での新川（安治川）の開削、大坂市中での川幅拡張・浚渫と新地の開発である。大和川筋の工事としては、具体的には、舟橋村・柏原村堤外嶋の切り込み、森河内村前の笹刎ね、鴫野村前外嶋の割新川、蒲生村前の鯰江川の切り込み、京橋口御定番下屋敷前の掘り割り、

片原町浜の切り込み、京橋の川幅五間の切り込み、備前島橋の架け直し、などが行なわれた(11)。

新地の開発について、『大阪市史』第五所収の「安井九兵衛書上」(12)により、少し詳しく見てみよう。南組惣年寄安井九兵衛は貞享四年（一六八七）三月二〇日、西町奉行所与力三宅三郎右衛門に召喚され、西町奉行藤堂良直（伊予守）の内意を伝達された。その内容は「就其四年以前より、川村瑞賢川ほり致し、築地共所々ニ在之候、此段町屋敷ニ可被仰付御内意ニ而候、定而世間ニハ未瑞賢支配之様ニ可存候間、成程隠密ニ而此所々我等壱人ニて見分仕、積書差上ケ可申候」というものであったという。三年前より河村瑞賢が川の開削を行ない、新しく築地が所々にできたが、これを町屋敷にしようというのが町奉行の内意である、世間ではまだこの築地が河村瑞賢の支配地であると思っている者もあるので、隠密に安井が一人でその場所を見分して、町屋敷にしたときの見積書を提出せよ、というものである。安井九兵衛に白羽の矢が立ったのは、道頓堀開発の経緯があるからであろう。世間では、新しくできた土地は河村瑞賢の支配地であるとの認識があるが、町屋敷として開発すると明言されている。その際の見積もりを安井に命じているわけだが、町奉行所の動きが世間に知られないように隠密の行動を求めている。

安井九兵衛の見積もりでは、堂島や比丘尼橋、新川の両側の築地などについて、年貢地とするならば計銀四七一貫、無年貢地とするならば六七六・五貫を見積もっている。これは、おそらく地代銀ということであろう。実際はどうだったのだろうか。「藤井善八覚書」(13)によれば、貞享五年（一六八八）七月一日に町触が出され、「望之者共願書差上候処、御吟味之上、身元慥成者共以鬮取屋敷地拝領被仰付候」という内容だったようである。希望者が願い出て、身元が確認されたあと鬮《くじ》で拝領する者が決められるという。そして、拝領した者は毎年地子銀三四貫三八六匁余りを上納することになった。

この大坂市中での淀川河口部での河川改修は、単に洪水対策にとどまらず、大坂の港湾施設などの整備という側面も色濃かった。新川（安治川）沿いの新地は、安治川口の港として大きく発展することになる。また、川幅が拡張された堂島川沿いにあった佐賀藩の蔵屋敷では、これを機に屋敷地が拡張され、船入りを持つ蔵屋敷へと変化していった[14]。他の西日本の大藩もこの前後から堂島川沿いに船入りを持つような巨大な蔵屋敷を持つようになっていったと推測される[15]。

（3）河村瑞賢の治水事業（その2）

二回目の元禄一一年からの事業について見ていきたい。大和川筋では、植松村堤の出張りの水が当たる二カ所の切り込み、小阪村堤の出張りの所の用水樋の伏せ替え、高井田村外嶋の出張りの取り払い、森河内村川違い普請、左専道村外嶋の取り払い、今津村外嶋の取り払い・下の外嶋中の掘り通し、放出村外嶋出張りの取り払い、などの工事が行なわれた[16]。大坂市中の事業では、堀江川の開削と堀江新地三三町（富島・古川・幸町含む）の開発が大きい。また、曽根崎川の改修にともなって曽根崎新地の開発も行なわれ、河口部の新田開発も大幅に進んだ。

堀江新地三三町の地代金は総計一四万〇〇九一両一歩、銅座拝借屋敷の三八〇〇両を引いた一三万六二九一両一歩が新しく町人（家持）になった者に課せられることとなった[17]。この一三万両余は巨額なので十年賦で払われるようになっていたようだが、初年度でも五二三〇両しか上納されなかった。このように上納は滞り、結局宝永三年（一七〇六）に新たに家屋敷を買い請けた三七九軒の者が、毎年金一三〇一両余りを上納することになった。つまり、町人からすれば一年間の上納額は約一〇分の一になるかわりに、永年上納することになったのである。この額は金銀吹き替えに伴って享保三年（一七一八）に半減され、金六五〇両余りの上納となった。幕府は堀江新地に諸株の免許などの優遇策をとっているが、これは新地の繁栄を目指すものであり、塚田孝氏の指摘するように[18]その繁栄は地代金の形で自らに跳ね返ってくるものだったということができよう。曽根崎新地は、片町の新町屋（片原新

表1　元禄15年検地の大坂川口の新田

| 新田名 | 旧　称 | 請負人 | | 石高（石） | 地代金（両） |
|---|---|---|---|---|---|
| 津守新田 | 木津島 | 京都 | 横井源左衛門・金屋源兵衛 | 445.718 | 2,230 |
| 泉尾新田 | 三軒家浦 | 和泉・踞尾村 | 北村六右衛門 | 703.584 | 3,500 |
| 市岡新田 | 九条島浦 | 伊勢・桑名 | 市岡与左衛門 | 1,061.711 | 5,950 |
| 春日出新田 | 四貫島浦 | | 雑賀屋七兵衛 | 427.487 | 2,140 |
| 沖島新田 | 恩貴島 | 大坂 | 大宮仁左衛門 | 145.007 | 725 |
| 酉島新田 | 酉島佃島 | 大坂 | 多羅尾七郎右衛門 | 187.133 | 935 |
| 百島新田 | 百島助太夫島・行徳島 | 大和田村 | 次郎右衛門 | 82.689 | 415 |
| 西島新田 | 西島 | 九条村 | 池山新兵衛 | 83.327 | 420 |
| 出来島新田 | 出来島・願念島 | 摂津・福井村 | 倉橋屋四郎兵衛 | 231.453 | 1,160 |
| 中島新田 | 城島親島・弥左衛門島 | 京都 | 中島市兵衛 | 442.606 | 2,215 |
| 蒲島新田 | 前島蒲島 | 佃村 | 蒲島屋四郎兵衛 | 23.883 | 120 |
| 西野新田 | 西野島 | 九条村 | 池山新兵衛 | 53.014 | 265 |
| 合計 | | | | 3,887.612 | 20,075 |

『大阪市史』第一　465〜6頁

地）とともに、地代金の入札が行なわれ、五一四九両あまりで落札した。

一方、川口の新田開発は、寛文期に開発された新田が撤廃され、安治川の開削とその周辺の新地開発が行なわれ、その後新たに新田の開発が進んだ。これらの新田は表1の通りである。開発の手法としては、開発者を募り、地代金を上納した者が許可を受け自費にて開墾し、開発後は地主として年貢を上納する、という方式である。[19]幕府としては、町人の資本力に頼るのみならず、莫大な地代金の収入が入ってくるのである。このような開発で、約四千石の新田が開発され、地代金二万両余りが上納されたのである。

（4）事業の評価

この河村瑞賢を中心とする幕府の治水事業については、福山昭氏が「治水対策としては大坂重点的な特質を持ち、新地の開発をも含めて、中央市場としての大坂の経済的諸機能の維持・拡大が至上命令として貫徹されていた」と指摘している。[20]さらに言えば、開発手法が前代と大きく異なっている点である。一七世紀なかばまでの開発では、堀川の開削と町の開発、新田開発などは開発者が自己費用で開発したものであった。しかし、この時期は、幕府自らが治水工事によって新たに新地を造成し、それを町屋敷にしているのである。その際には、地子や地代銀を上納させている。治水工事と都市開発・基盤整備の費用を、その地子や地代金（銀）で回収しようとしたのではないだろうか。堀江新地の地代金の上納が滞ったのも、推測の域を出ないが、当時の地価に見合った適正な価格ではなく、開発費用から産出された額だったからではないだろうか。開発費用回収のために、幕府は新地の振興策を打ち出さなければならなかったのである。

福山氏の指摘するように[21]、大坂重点の治水工事であったため、摂河泉など周辺の農村部での治水対策は重視されなかった。その象徴が同時期に行なわれた中島大水道の開削と大和川付け替えの訴願に対する幕府の対応の差であった。訴願運動の末、中島大水道開削が認可されたのは、延宝五年（一六七七）のことであった。しかし、入用銀一一八貫二四一匁余りは百姓自普請として、原則的には工事費用は農民たちの自己負担となった。大和川の付け替えについては、節をあらためよう。

周辺農村を軽視した治水事業ではあったが、ここで行なわれた河川の開削や拡幅、新地の開発、新田の開発によって、一六三〇年代半ばに骨格ができた近世都市大坂における大規模な都市建設（開発）や都市の基盤整備は終わりを告げることになる。

## 三、大和川の付け替え工事

河村瑞賢を中心とする幕府の治水工事が行なわれた時期には、すでに大和川付け替えの訴願は行なわれていた。しかし、河村瑞賢が付け替えに反対だったことはよく知られている。その理由は、「大坂之川浚被成、九条村より海江川切抜被遊候ハヽ、淀川・大和川之水も能ぬけ、大坂之町も水つかへ申間敷」というものであった[22]。つまり、大坂市中など淀川河口部の川浚えを行ない、安治川などを開削して、水の流れをよくすれば付け替えの必要はなくなる、というものであった。この考えは、瑞賢が実際に行なった治水工事の考え方と整合するものであり、瑞賢が付け替えをしなかった（あるいは、しようとしなかった）のはむしろ当然であった。

では、なぜ一転して、幕府が付け替えに方針転換したのであろうか。河村瑞賢は二回目の治水工事を行なった翌年の元禄一二年（一六九九）六月に死去している。付け替え反対派の瑞賢はいなくなったのである。また、二回目の工事の後でも、大和川筋での洪水は絶えなかったようである。この方針転換の理由については、さまざまな可能性が考えられるが、史料的に決定打がないのも実情である。ここでは、工事費用と旧大和川筋の河川敷や池敷の新田開発の手法に注目してみることにしたい。

大和川付け替えの総工事費用は、七万一五〇三両余であった、という。このうち、三万四〇〇〇両は手伝普請を行なった大名五家が負担し、残り三万七〇〇〇両余を幕府が負担している。これに対して、旧大和川流域での新田開発は約一〇〇〇町余りで、ちょうど地代金は三万七〇〇〇両であり、付け替え工事を地代金で回収したことになる。幕領代官万年長十郎が見積もりを出した「古川筋堤床敷深野池并新開池新田積帳」には、「今度川違御普請御手伝衆入用之外不足之分ハ、大坂御金蔵より相渡シ候ニ付、御入用金三万七千両余ニ而御座候、右新田地望之者江相渡シ、代金納候ハヽ、御入用返納積リニ罷成候」とある(23)。工事費用は大坂御金蔵から支出したが、新田を開発希望者へ渡した代金、つまり地代金で返納できる旨のことが記されている。

逆にいうと、地代金は工事費用と見合った形で設定されなければならなかったわけである。また、地代金で工事費用が回収できるメドが立ったから、幕府は付け替え工事を実行する決断をしたとも理解できる。そして、この旧大和川筋の川敷・池敷の新田開発は、入札によって開発者を決定し、地代金を取り、開発者の自己負担で開発するというものである。この手法は、一七世紀終わりの治水事業→新地・新田の開発の手法と同一の特徴をもつものと言えよう。その意味で、大和川の付け替えは、一六世紀終わりから続いてきた近世都市大坂とその周辺部での大規模な都市開発と新田開発の最終段階に位置づけられるということができよう。付け替えは、河村瑞賢の治水に関する論理からすれば、まったく方向転換した逆の事業かもしれないが、開発とその手法の流れに着目すれば、さほど無理なく理解することができるのではないだろうか。その後も、新地・新田の開発は断続的に行なわれるが、小規模や付随的なものと言えるのではないか。大坂の都市内部でも西高津新地や難波新地などが開発されていくが、前代の開発に比べると小規模であった。また、もともと村領であったため年貢と家役が同時に課せられている。[24]加賀屋新田に代表される大和川河口部の新田開発も付け替え後の新たな事業と位置づけられよう。しかし、加賀屋新田が面積的に大規模に開発されていくのは天保期であり、[25]それはまた別に位置づける必要がある。

## 四、その他の論点

大和川の付け替えと隣接する巨大都市大坂に関する論点をいくつか挙げておきたい。

### （1）付け替え工事の労働力

付け替え工事を実際に担った労働力の問題である。工事の労働力は、いったいどこから調達されたのであろうか。工事の実際については、村田路人氏の「宝永元年大和川付替手伝普請について」に詳しい。[26]注目されるのは、そこで引用されている次の史料である。「一、今度新川御普請南側五拾九番之丁場長原村十右衛門請負之内、川下拾間口并落堀共大坂釣鐘町作兵衛下請普請仕候処、坪詰勘定出入ニ罷成」というものである。南北一町分ずつが請負丁場の単位になっており、それを請け負っているのが長原村の十右衛門で、下請が大坂釣鐘町の作兵衛だとわかる。これを一般化できるかどうかわからないが、請負は周辺農村の有力者、下請は大坂の町人（商人）となっている。

周辺農村の農民が工事の労働力とされるケースもあったであろうが、大坂市中から日用人足が雇用されていたことも想像に難くない。同論文では多数の日用人足や請負人小頭が新川沿いの村に宿泊し、工事が終われば次の丁場へと移動していく様子を明らかにしている。また、釣鐘町の作兵衛は実際にはどのような存在の町人であったかはわからないが、同じく村田氏が明らかにしている都市の「夫頭」的な存在であったと想定されるのではないだろうか。[27]つまり、付け替え工事の労働力の調達は都市大坂を抜きにしては考えられないのである。

（2）新田の開発者・地主

先に旧大和川筋の新田開発について言及したが、さらに指摘しておくことがある。それは、新田の開発者や地主が誰かということである。表2は享保六年（一七二一）の検地帳をもとにまとめたものである。[28]これをみると、鴻池善右衛門など大坂の商人であると考えられる者が含まれている。また、菱屋西新田・菱屋中新田・菱屋東新田は享保一二年（一七二七）に三井越後屋に、山本新田は享保一三年（一七二八）に住友吉左衛門に、それぞれ地主が代わっている。[29]このように、大坂でも屈指の豪商が新田の地主になっている。

旧深野池を開発した新田のうち、河内屋北新田・河内屋南新田は大坂の河内屋源七が開発し、深野北・中・南の三つの新田は東本願寺難波別院講中が落札し、開発された。享保四年（一七一九）の時点では河内屋北新田は鴻池新十郎、深野北新田・深野中新田は鴻池又右衛門が地主となっており、深野南新田・河内屋南新田は平野屋又右衛門が地主となっている。鴻池新十郎と鴻池又右衛門は大坂の商人で、鴻池善右衛門の一族である。平野屋又右衛門は大坂今橋の両替商で、十人両替にも名を連ねる豪商である。平野屋は、延享二年（一七四五）深野南新田・河内屋南新田を同じく十人両替の大坂船越町の助松屋忠兵衛に売り、享和二年（一八〇二）には天王寺屋八重、さらに文政七年（一八二四）には北久太郎町一丁目の銭屋長左衛門が地主になるにいたっている。[30]銭屋は北久太郎町一丁

**表2　大和川筋新田開発一覧**（享保6年）

| 郡名 | 新田名 | 石高(石) | 開発地 | 開発者 |
|---|---|---|---|---|
| 志紀 | 市村新田 | 484.058 | 大和川床 | 農民寄合持 |
| | 二俣新田 | 301.960 | 久宝寺川床 | 農民寄合持 |
| | 天王寺屋新田 | 136.116 | 久宝寺川床 | 天王寺屋吉兵衛 |
| 丹北 | 太田新田 | 6.136 | 平野川床 | |
| | 川辺新田 | 58.596 | 平野川床 | |
| | 富田新田 | 94.638 | 天道川床 | 城蓮寺村農民寄合持 |
| | 芝池上新田 | 11.250 | 天道川床 | |
| | 東瓜破新田 | 12.133 | 平野川床 | |
| 河内 | 川中新田 | 386.450 | 吉田川床 | 今米村甚兵衛 |
| | 河内屋南新田 | 138.759 | 深野池床 | 河内屋伝兵衛 |
| 渋川 | 安中新田 | 470.448 | 久宝寺川床 | 安福寺・農民寄合持 |
| | 願証寺新田 | 14.488 | 久宝寺川床 | 顕証寺 |
| | 三津村新田 | 97.012 | 久宝寺川床 | 農民寄合持 |
| | 金岡新田 | 209.038 | 久宝寺川床 | 田中源七･末長甚兵衛･古田農民寄合持 |
| | 吉松新田 | 189.634 | 久宝寺川床 | 末長甚兵衛 |
| | 菱屋西新田 | 215.083 | 久宝寺川床 | 菱屋岩之助 |
| 若江 | 柏村新田 | 207.332 | 玉串川床 | 太田村仁兵衛 |
| | 山本新田 | 648.058 | 玉串川床 | 山中庄兵衛・本山重英 |
| | 大信寺新田 | 47.593 | 玉串川床 | 大信寺 |
| | 玉井南新田 | 90.244 | 玉串川床 | 泉屋利兵衛 |
| | 玉井北新田 | 81.740 | 玉串川床 | 南島六之助 |
| | 加納新田 | 6.708 | 池沼床 | |
| | 菱屋東新田 | 456.002 | 菱江川床 | 菱屋岩之助 |
| | 菱屋中新田 | 150.643 | 楠根川床 | 菱屋岩之助 |
| | 御厨新田 | 129.002 | 池沼床 | 菱屋岩之助 |
| | 鴻池新田 | 1,706.880 | 新開池床 | 鴻池善右衛門 |
| | 西寺島新田 | 101.640 | 新開池床 | 絹笠平八 |
| | 東手島新田 | 61.094 | 新開池床 | 今米村甚兵衛 |
| | 前島新田 | 211.719 | 新開池床 | 今米村甚兵衛 |
| | 新庄村堤新田 | 6.291 | 新開池床 | |
| | 橋本新田 | 71.683 | 新開池床 | 河内屋伝兵衛 |
| | 長田新田 | 12.936 | 池沼床 | |
| | 新喜多新田 | 302.830 | 久宝寺川床 | 鴻池新七 |
| | 本庄村堤新田 | 4.709 | 池床 | |
| 茨田 | 三組新田 | 92.302 | 新開池床 | 今津村農民寄合持 |
| 讃良 | 中村新田 | 55.023 | 吉田川床 | 太子田村伝兵衛 |
| | 横山新田 | 36.951 | 深野池床 | 横山新左衛門 |
| | 灰塚村新田 | 36.300 | 池沼床 | |
| | 三箇村新田 | 9.413 | 深野池床 | |
| | 御供田新田 | 51.724 | 深野池床 | |
| | 尼崎新々田 | 74.596 | 深野池床 | 農民寄合持 |
| | 深野南新田 | 695.879 | 深野池床 | 東本願寺講中 |
| | 深野新田 | 1,091.684 | 深野池床 | 東本願寺講中 |
| | 深野北新田 | 653.894 | 深野池床 | 東本願寺講中 |
| | 河内屋北新田 | 560.015 | 深野池床 | 河内屋伝兵衛 |
| | 諸福村新田 | 63.944 | 深野池床 | |
| 東成 | 新喜多新田 | 277.231 | 大和川床 | 鴻池新七 |
| | 左専道村新田 | 6.411 | 大和川床 | |
| | 布屋新田 | 28.387 | 池沼床 | |
| | 深江新田 | 12.285 | 池沼床 | |
| 住吉 | 杉本新田 | 20.279 | 池沼床 | |
| | 富田新田 | 57.271 | 天道川床 | |
| | 花田新田 | 6.812 | 池沼床 | |

『大阪府史』第五巻　表45

目の年寄をつとめている[31]。このように、新田は大坂の有力商人の手を転々と売り継がれていっているのである。その他の新田も、転々と売却されているケースが多いように見受けられる。同じ地主が持ち続けているのは、最初にあげた鴻池・三井・住友などの巨大豪商クラスに限られるのではないか。この点、誰が実際にどのように売却していっているのか、丁寧にたどっていく必要があり、今後の課題となろう。有力な大坂商人が新田を売却していくのは、経営の不振によることが第一の理由だと推測される。藤田貞一郎氏によれば[32]、鴻池新田でも地代金の回収はおろか、年々の利益率も一般に貸金した場合の利子率よりも低く、経営的な利点は見出せないようである。これを念頭に考えれば、地代金の設定自体が付け替え工事費用に合わせて算出されているため高額で、経営を維持するには鴻池などの巨大豪商クラスに限られてくるのではないだろうか。一般の豪商クラスでは、新田経営を維持できなかったのではないかと考えられる。また、それらの商人が実際に個々の新田でどのような経営を行なっていたのかについても、これまでの研究成果を結合し、検討しながら、さらに深めていく必要があると思われる。

また、川中新田の開発者である河内屋五郎平は、もともと大坂菊屋町に住んでおり、新田の開発に伴って同地に移り住んでいる[33]。逆に有力農民が開発している場合でも、その人物が大坂市中に町屋敷を所持していたり、市中の町人と取引関係にあったり、縁戚関係にあったりすることも想定されうる。大坂と周辺の農村との関係も改めて問い直していく必要があるのではないだろうか[34]。

## むすびにかけて

以上、大和川の付け替えと都市大坂とが、どのように関わっていたのかについて、雑駁ながら論点を整理してみた。過去の研究をトレースしたにすぎず、検証や新たな論点発掘にどれだけ寄与できたか、まったく心もとないが、都市大坂の建設・開発との関係で大和川の付け替えを位置づけることはできたのではないかと思う。

最後に、大和川の付け替えに関する研究について、今回のシンポジウムをふまえて改めて思うことは、中家文書をはじめとする現在知られている史料の再検証(35)、自治体史などを含めた従来の研究成果の結合、新たな史料発掘(36)の三つの必要性である。本稿での整理が、その進展に少しでも寄与できれば幸いである。

**註**

（1）福山昭「河村瑞賢と大坂」『大阪の歴史』4、大阪市史編纂所、一九八一年。

（2）この項については、内田九州男「豊臣政権の大坂建設」佐久間貴士編『よみがえる中世二　本願寺から天下一へ大坂』平凡社、一九八九年、などを参照。

（3）内田九州男「船場の成立と展開」『ヒストリア』一三九、大阪歴史学会、一九九三年。拙稿「慶長・元和期の町と町人」『歴史科学』一四七、大阪歴史科学協議会、二〇〇四年。

（4）この時期の代表的な堀川開削である道頓堀の開削については、牧英正『道頓堀裁判』岩波新書、一九八一年。

（5）内田九州男「大坂三郷の成立」『大阪の歴史』七、大阪市史編纂所、一九八二年。同「都市建設と町の開発」高橋康夫・吉田伸之編『日本都市史入門Ⅲ　町』東京大学出版会、一九九〇年。

（6）塚田孝「十七世紀における都市大坂の開発と町人」同編『大阪における都市の発展と構造』山川出版社、二〇〇四年、七一頁。

（7）『大阪市史』第一、大阪市参事会、一九一三年、三〇〇～一頁。

（8）高西夕雲らの新田開発の性格については、朝尾直弘「畿内における初期の新田開発」『近世封建社会の基礎構造』一九六七年（『朝尾直弘著作集　第一巻』所収、岩波書店、二〇〇三年）を参照。

(9) 前掲、『大阪市史』第一、四三四～六頁。
(10) 前掲、『大阪市史』第一、四三七、四六四頁。
(11) 前掲、『大阪市史』第一、四四五～七頁。
(12) 『大阪市史』第五、大阪市参事会、一九一一年、所収。
(13) (12)に同じ(二九頁)。
(14) 植松清志『近世大坂における蔵屋敷の住居史的研究』二〇〇〇年、一四～六頁。
(15) 豆谷浩之「蔵屋敷の配置と移転に関する基礎的研究」『大阪市文化財協会研究紀要』四、大阪市文化財協会、二〇〇一年、拙稿「【資料紹介】『大坂中之島図』」『大阪歴史博物館研究紀要』三、大阪歴史博物館、二〇〇四年。
(16) 前掲、『大阪市史』第一、四五九～六二頁。
(17) 堀江新地の地代金の変遷については、前掲「藤井善八覚書」。塚田孝「堀江地域の性格と茶屋株の性格」同『近世大坂の都市社会』吉川弘文館、二〇〇六年。
(18) 塚田孝『近世の都市社会史』青木書店、一九九六年(「Ⅳ新地開発と茶屋」)。
(19) 前掲、『大阪市史』第一、四四三～五頁。
(20) 前掲福山論文、二三頁。
(21) 前掲福山論文。
(22) 前掲福山論文、二三～四頁。史料は、「寛政二年八月　新大和川掘割由来書上帳」『松原市史』第五巻、一九七六年、一六四頁。
(23) 引用は、『布施市史』第二巻、一九六七年、四一七頁。付け替えの工事費用については、中九兵衛『甚兵衛と大和川』二〇〇四年、一六六～七頁。
(24) (17)に同じ。

(25) さしあたり、拙稿「加賀屋甚兵衛物語」『大阪人』第五七巻第一〇号、大阪都市協会、二〇〇三年一〇月。
(26) 村田路人「宝永元年大和川付替手伝普請について」『待兼山論叢』二〇、大阪大学文学部、一九八六年。この項については、以下同論文を参照。
(27) 村田路人「役の実現機構と夫頭・用聞の役割」同『近世広域支配の研究』大阪大学出版会、一九九五年。
(28) 表のもとは、『流域をたどる歴史』五、ぎょうせい、一九七八年、一五七〜八頁の表（森杉夫執筆）。シンポジウムの討論でも指摘されているが、これは享保五年検地（翌年検地帳下付）のときのもので、必ずしも開発当初のものではない。開発者も落札者なのか、実質的な開発者なのか、後の買得者なのか検討を要する。落札者と開発者に関しては、鴻池新田などについて藤田貞一郎氏（同「町人請負新田の経営的性格」宮本又次編『大阪の研究』4、清文堂、一九七〇年）や中九兵衛氏（前掲『甚兵衛と大和川』）が検討している。
(29) 菱屋新田については、『布施市史』第二巻、一九六七年、四三一〜二頁。山本新田については、『八尾市史（前近代本文編）』一九八八年、五五〇頁。
(30) 旧深野池の新田所有者の変遷については、『旧平野屋新田会所屋敷と建物』大東市教育委員会、二〇〇二年　一二〜三頁による。
(31) 文政四年（一八二一）四月、北九太郎町一丁目年寄銭屋長左衛門は「役義出精」につき褒賞されている（『大阪市史』第四上、達一五一八）。
(32) 前掲藤田論文。
(33) 前掲『甚兵衛と大和川』一六八〜七〇頁。
(34) 江戸では、周辺農村の豪農が市中の町屋敷を所持していることが論じられている（渡辺尚志『近世の豪農と村落共同体』東京大学出版会、一九九四年）。
(35) 例えば、本書小谷利明論文や安村俊史「大和川付け替え運動の転換期―貞享四年の中家文書より―」『柏原市立歴史資料館報』17、二〇〇五年、などのような成果が今後も継続的に出てくることが望まれる。

(36) 現在の大阪市域と大和川の付け替えに関する新史料について、拙稿「【史料紹介】摂津国住吉郡桑津村文書」『大阪歴史博物館研究紀要』4、大阪歴史博物館、二〇〇五年、で若干の紹介を試みている。

# パネルディスカッション

**総合司会**　ただ今より基調講演をしていただきましたお二人の先生と、基調報告を含む大和川水系ネットワークの参加館の担当者によるディスカッションを始めたいと思います。司会は大阪教育大学助教授の岩城卓二先生です。それでは岩城先生よろしくお願い致します。

大和川付け替え300年、その歴史と意義を考える
全体風景

岩城卓二氏

**岩城卓二**　岩城でございます。よろしくお願いします。午前中から非常に多岐にわたる、有意義な論点をたくさん出していただきました。まず中さんから大和川のこれまでのご研究の蓄積を詳細にご報告いただきました。その次に村田さんからは、主に河川管理についてお話いただいたわけですが、冒頭には今後の課題を指摘されました。そうした課題も意識しながら討論を進めていきたいと思います。

今回の最大の成果は、大和川水系ネットワークによって地域から見た付け替えの意義というのが非常に深まった。それぞれの地域にとって付け替えとは何だったのか、ということが各博物館が丁寧な展示に取り組むことによって明らかになったのではないかと思います。そこでまず、大東・柏原・松原・堺の順に今回の成果を発表していただきたいと思います。

**黒田　淳**　大東市の黒田です。ご存知のように大東は旧大和川の流域でもほとんどが深野池に覆われていました。そのため大和川の付け替えそれ自体は大東にとって直接関係はありませんが、深野池が付け替え後に干拓されて大東市の原形ができあがったということで、深野池を取り上げることにしました。ただ、市民にはその存在を知らない方も多いため、深野池の成り立ちから現在どういう姿になっているのかということを中心に展示をしました。なぜ深野池が江戸時代中期まで河内平野の真ん中に池として残ったのかと言いますと、縄文時代の海進現象の名残として残ったと。要するに大東市が河内平野の中で一番低いのです。先程小谷さんは川の流路が確定するのは江戸時代ではなく、鎌倉時代の後期ぐらいではないかと言われましたが、深野池に関しましても、西側の範囲は堤防を築きますからはっきりわかります。一方、東側はもともと高い所にあるので堤防を築く必要がありません。そこで注目されるのは、御領遺跡の発掘調査です。この遺跡は深野池の堤防の西側にあります。ここの集落の時期はだいたい鎌倉時代後半からです。したがって、その池の低い西側に集落が成立するということは、そのころ深野池の堤防が築かれて範囲が確定したのではないか、ということで、小谷さんのお話と何らかの関連があるかと思いました。展示の方では中さんご所蔵の絵図をお借りしました。深野池の江戸時代の絵図を見ていますと、付け替え直前は水深が浅く、すぐに池の底が見えてしまうような状況だったようです。新しい発見としては、現地調査を行なった際に江戸時代後期の石製の樋門が今でも残っているのが確認されました。もともとはおそらく木製の樋門だったわけですが、後に全部石に作り替えられており、弘化・嘉永・安政といった年号の入った樋門が見つかっています。それと、大東市は水害で有名です。寝屋川や恩智川は天井川ですし、ようやく深北緑地という遊水池もできましたけども、雨が降った時はたくさんのポンプを稼働して排水をしなければならないという状況におかれています。そうした現在の様子も展示で紹介しました。

**岩城**　ありがとうございました。では、続きまして柏原の安村さんお願いします。

**安村俊史**　柏原市立歴史資料館の安村です。柏原市の地図（一八三頁）をご覧ください。現在の柏原市役所の前に簗留という所がありまして、それが大和川の付け替え地点になります。そこから旧大和川が北へ流れていました。この旧大和川の右岸、すなわち東側が大県郡で、左岸は志紀郡になります。大県郡につきましては、中さんのお話にもありましたが、おそらく付け替えを嘆願した摂河十五万石の中に入っていただろうと。一方、左岸は志紀郡柏原村にあたりまして、実は柏原村は一貫して付け替え反対運動を行なっていました。ですから、今の市域で言いますと、付け替え地点があり、賛成派の場所があり、反対派の場所がありという非常に複雑な地域ですけれども、こういうことを柏原市でもご存じない方が大半です。その中で大県郡は洪水の被害にそれまでにもあっていますので、当然付け替えを願ったのだろうと。一方、左岸の柏原村は、新しい川が出来ると村の一部が川底になるということが最大の反対理由だと思います。それと多分、簗留の所でこの川を急に曲げますと当然簗留の部分の水あたりが強くなるので、付け替え後の決壊ということを柏原村として恐れていたのではないかと思います。さらに、付け替え以前から大和川分流の平野川、この辺りで了意川ということになりますが、そこに柏原船という船が通っておりました。付け替えまでは旧大和川をさらに遡る剣先船が非常に盛んだったわけですが、付け替え後は旧大和川を簗留の所で通れなくなったので、剣先船はいったん十三間川を通って新大和川の河口から川をさかのぼるルートをとります。一方、柏原船は付け替え後も全く変わらずに平野川を行き来できるので非常に栄えると。あるいはその築留の所の旧大和川筋は市村新田の開発という形で柏原村は結構、恩恵を被っているのではないかと思います。このように付け替えに反対した村が意外と付け替え後に恩恵を被っているというのが柏原です。地図には旧大和川の右岸は推定と書いていますけれども、ほとんど痕跡が残っていません。一方、左岸の堤防については結構旧状を残しているところがあります。私どもの資料館ではこういうことを広く知ってもらいたいということで、毎年、秋に大和川の付け替えの展示をやっておりまして、今年は三〇〇年ということで春、夏、秋と三回にわたって展示をやっています。特に大和川について学習する小学校の四年生は毎年、昨年では七、〇〇〇人以上の見学者を迎えています。今後も少しでも市民や学校の方に喜んでもらえるような展示を続けていきたいと考えています。

**岩城**　ありがとうございました。では、松原の西田さんよろしくお願いします。

**西田敬之**　松原の西田です。松原では「大和川付け替えと松原」という企画展示を今回行なうことになりましたが、松原地域における大和川付け替えの認識については、新大和川の潰れ地の方にあたることから、土地をとられて難儀したという話がよく聞かれます。そこで実際にどういう資料が残っているのかと調べたところ、絵図の関係では大和川付け替えに関するものと、新大和川の樋門について書いてある絵図などが新しく出てきました。これらを含めた展示では松原の付け替えの反対運動と、当時の村々の様子、それに付け替えによる潰れ地、剣先船の就航、さらに新田開発についても少し触れたいと思っています。付け替えの反対運動としては延宝四年（一六七六）・天和三年（一六八三）・元禄一六年（一七〇三）の三回、大きな反対運動がありましたが、その中で延宝四年と元禄一六年の時に松原ではその反対の方に署名をしています。さらに元禄一七年の正月に江戸へ川違いの迷惑につき訴訟ということで下ったメンバーの中にも松原市内の城連寺村の庄屋や油上村の庄屋が参加していた。地図（一六九頁）

を見ていただくと松原市の北西部の所に城連寺という村がありまして、この村は半分以上が潰れ地になっています。その村が村政をいろいろ記録した文書がありまして、その中に大和川付け替えに関する記述もあります。そこには、若年寄と目附、勘定奉行が長崎へ行く途中大坂に立ち寄った時に、大和川が付け替えられるのではないかという風説が流れ、新川筋の村々が色めきだったという話がみられ、逼迫した状況にあったことがわかります。次に剣先船の就航の話です。城連寺村の北側に天岸という所があって、そこから年貢を運ぶ舟が出たという事を書いた安永元年（一七七二年）の更池村の明細帳があります。これ以外にも城連寺村や三宅村・別所村の明細帳にもこうした剣先船の記事が載っており、大和川、新大和川付け替えによる新たな産業といいますか、商業の勃興という意味で今回の展示に剣先船の就航という項目を作って展示したいと考えております。最後に新田開発ですが、先程市川さんの報告で狭山池の番水がなくなった事によって溜池が潰されて新田開発されたというお話がありましたが、松原市内でも狭山池の番水がなくなった事で新田開発されていく溜池が何か所かあります。それ以外にも、地図では新大和川の下の方に油上と芝、我堂、高木の間に斜線を引いていますが、これが新西除川になります。その新西除川の根元の所から上に城連寺村の方に伸びている所が旧西除川になりますが、ここは富田新田として開発されますので、この富田新田の検地帳も今回は展示したいと思っています。

**岩城**　どうもありがとうございました。では、堺の矢内さんよろしくお願いします。

**矢内一磨**　堺市博物館の矢内と申します。従来、堺と大和川ということになると付け替えによって堺の港が埋まった、堺の町が衰退したというステレオタイプの話だけでしたが、本当にそれですべてなのかということを出発点にしてそこから話を始めて来ました。従来マイナスといわれた事を考えていくと、新大和川の氾濫で洪水をおこす。それから土砂堆積で堺の港が埋没する。それから住吉・堺地域という中世以来一体だった地域が大和川によって分断される、こういうことぐらいが代表的だろうと。一方でプラスと考えられる事象としては、こういう整理の仕方をしていいか問題ですが、新田の開発、新地の開発、それから大和川によって大坂との関係が分断されたために、和泉国一国での経済圏が、それから文化圏が形成されていったようなことがこの大和川付け替え以降三〇〇年間でおきたのではないかということ。それから近代以降の工業化に必要な水が大和川から供給されたということ、こういったことを見落としてはいけないと整理した上で、堺と新大和川という展覧会を準備しています。展示の内容というとではお手元の堺市博物館のリーフレットをご覧いただくと、新大和川が旧の住吉領を分断する形で走っているのがわかります。それから中世の狭間川の名残をそこに見いだすことが出来ますので、模写ではありますがよい資料だと思っています。それから堺の博物館の所蔵資料に七メートル二六センチある非常に長い絵巻があります。これは大和川筋図巻という絵巻で、大和川の上流から下流までの堤と樋の状況をすべて書いてある図巻です。これが数えたところ六五七か所の書き込みがある。それをひとつひとつ全部解読して一冊の本にまとめて、今回の展覧会を機に皆さんに配布することにしました。これが館蔵品を活用しながらこれまでの固定観念にちょっと疑問を提起しながらやっていくという、今回の試みです。

**岩城**　ありがとうございました。いずれも非常に興味深いお話でした。では早速、論点を整理して進めていきたいと思います。まず、やはり大きな問題としてはどうして大和川は付け替えられたのかということがあります。この点につきましては中さんが、中甚兵衛を中心とする洪水に苦しむ民衆の運動が背景にあって付け替えが実現されたのだという点に光をあてられました。加えて今日皆さんのご報告の中で、この付け替えという問題を考える時に必要な視点が大きくふたつ出されたのではないかと思っております。ひとつが付け替え前の自然的な背景です。主には洪水ですが、洪水とそれをもたらした山の開発。そしてもうひとつが幕府の政策と大坂の開発という政治的背景。

このふたつから付け替えというものを捉える必要があるだろうということを、皆さん大変明快におっしゃったように思います。この点について議論を深めたいと思います。

まず、自然的な背景ですが、今日のお話でご理解いただいたと思いますが、旧大和川は非常に洪水に苦しんだと。ではどうしてそんな洪水が起きる程になってしまったのか。この点について、幕府が出した諸国山川掟を用いて、近世の人々が山に大変手を加えていた。そこで出来る物、草木も含めていろいろな物を生活に利用していた。生産に利用していた。そのことが河川への土砂流出をもたらす、というお話が中さん、村田さんからありました。そこで村田さん。近世の人々は山をそれほどに生産・生活に利用していたのでしょうか？

**村田路人**　はい。千葉徳爾さんというはげ山の研究者がこの山川掟を引用されて、木の根、特に松の根が灯火用の燃料になると。一般庶民もこの松の根を細く割ってそれを灯していたと。それは特に一七世紀の中期頃から農民の夜業が非常に増えてくるという事が背景にあるのではないかという見解を出されていますが、おそらくその通りだと思います。農民の生活様式がかなり変わり、夜間の照明材料が非常に需要を増していた、その事がひとつあると思います。それから草の根に関していうと、たとえば食用のワラビとか、薬用に様々な木の根とか草の根を使いますが、こういうものの需要が一七世紀の中期あたりに非常に高まってきたのだろうと。そういう状況が大きな背景となってこういう法令が意識的に出されるということは、それ以前にも当然そういう木の根を採るということはもちろんあったわけですけれども、量的にそれ以前の時期とかなり違っているのだろうと。それと

村田路人氏

山の中に新田を開発するという土地開発もかなりこの時期から行なわれるようになって、それが災害をもたらす原因になったと思います。

**岩城**　ありがとうございました。人々の生活意欲の向上ですね。夜なべ仕事をするために油が必要で、それを手っ取り早く確保するために周辺の山々に生えている松の根を採ってしまう。そういう人々の生産意欲の高まりが山にどんどん人の手を加えていくという、一七世紀中頃の背景があるというお話でした。ところで、八尾の小谷さんが河内の山利用のもうひとつの背景として、大坂の陣で都市大坂が焼けてしまったあとの復興にともなう材木需要を指摘されています。ご専門の中世も含めて、河内の山々の利用についてご発言をお願いします。

**小谷利明**　まず一点目は、河内の山は平安時代から摂関家領が非常に多い所で、東北からもたくさんの馬が摂関家に送られるわけですが、そこの牧場に利用したのが河内です。ですから、山も平野部も含めて牧場としての活用があったという歴史があります。もう一点。江戸時代もそうですけども寺院の礎石用に河内の山からたくさんの石が切り出されている。これは古文書で見ると戦国時代に八尾の真観寺の礎石が高安山から運ばれて来ています。つまり石材の供給場所であった。これはおそらく大和の方でもそうでして、おそらくプロの集団がいてかなり石を切っている。こうした山に対するいろいろな活用法を考えていた地域であるということがいえると思います。岩城さんが最後におっしゃられましたけども、去年、「大坂の陣と八尾」という展覧会をしまして、大坂冬の陣・夏の陣の後、どれぐらいその復興に時間がかかるのか。ひとつは報告の中で久宝寺の寺内町を紹介しましたけれども、今の久宝寺寺内町の町割というのは寛永期に出来ております。それは発掘調査でも背割排水が出てきてくるのは江戸の初期だというデータも出ておりますし、寛永期に大幅な町の改造があったという記録は安井家文書にも出ております。戦国期からその夏の陣に至るまでの地域の公共財、いろいろな物が復興していくのはちょうどこの時期にあたるという意味では、やはり大規模な山林利用というのは考えないといけない。さらには豊臣方が山林の農村も焼いたという記事もありますので、この点も考慮する必要があると考えています。

**岩城**　ありがとうございました。幕府も一七世紀の中頃に諸国の山の調査をしますが、摂津河内の山は大荒れだというのが幕府の見解です。人の手が入りすぎていると。今の村田さん、小谷さんのお話はその原因を考える上で大変興味深いご指摘でした。河川に土砂が入るというのはよく言われます。大和川自身も非常に土砂が堆積しやすい川だといわれていますが、単なる自然的要因だけではなく、こうした人為的要因が土砂堆積の加速度を速めているということですね。こうした河川を取り巻く自然背景の問題というのは最近少しずつ歴史学でも注目されていますが、まだまだこれから深めていくべき課題だと思います。さてもう一点。今回の皆さんのお話の中で、付け替えの政治的な背景をきっちり位置付けようという重要な提起がなされました。特に大阪歴史博物館の八木さんが都市大坂との関係において、一七世紀で大規模な大坂の都市開発が終わっており、大和川の付け替えはその最終段階ともいえる、ということをはっきりと言われました。これまで漠然とそういう事を指摘されている方はおられましたが、このように前後関係をきちんと整理されたのは大変重要な事だと思います。補足などございましたら八木さんにお願いしたいと思います。

**八木　滋**　まだまだ詰めるべき点は多いと思いますが、ひとつは付け替えを治水という観点で言えば、それまでの河村瑞賢による治水工事や幕府の対応が急にここで変わる。その理由については現段階では答えが用意出来ていないと思います。もう一方で、大坂周辺の治水工事後に新地や新田を開発するというこの時期のやり方は、これは旧大和川流域でも同様に治水工事をやって、新地なり新田を作って、それを幕府が町人に入札させてお金を、収益を上げるというやり方をとっているわけです。それを最初から幕府が考えてやったのか、あるいは最終的に同じ手法になったのかもしれませんが、そういう意味でも一連の流れとして大和川の付け替えと開発は捉えることが出来るし、その中で請け負っていく町人達の資質というのも同じようなものではないかと考え、そういう大きな流れの中で見たらどうなるかと思ったわけです。結果論的に言えば新田開発である程度、地代金で儲かるということがあるので付け替えをやるという側面はあるのではないかと思います。それと新田開発の場合、鴻池などは継続して行なっていますが、結構大坂でも有力な、たとえば先程の大東の深野池のところで平野屋会所が出てきましたけれども、平野屋は江戸時代の途中で銭屋という、これまた大坂の有力な町人に代わることもあるので、こうした新田の経営自体も超豪商クラスの者でないと難しいということもあります。そういう意味でいけば、この場合幕府の方が豪商にそういうのをやらせたという面もあるかも知れないし、逆に請け負ったという両方の可能性があると思います。経営というのは難しい側面があり、請負も結構複雑な手法をとっているようですので、その辺を今後細かく見ていくとなぜ転換したのかという謎も解けるのではないかと思います。

**岩城**　ありがとうございます。中さんのご報告にありましたように、運動自体は非常に早くから、もう明暦段階から始まっていますが、幕府は当初は言うなれば全く見向きもしていない。それが最終的には付け替えるという判断を下す。その過程で当然民衆、中さんたちの民衆運動というのも非常に大きなインパクトだったでしょうし、政治的な動きもどうしてそういう転換が起きるのかというのは大切な論点ですが、八木さんはもうちょっと視点を広げて大坂全体の開発というものとの関係性を強く見なければいけないとはっきり提起されました。これは今回のシンポの大変な成果ではないかと思います。ところで、八木さん、淀川の場合はどうでしょうか。

**八木**　私、淀川については不勉強なので村田先生にお答えいただきたいのですが、淀川も同時期ではないかと思います。そのあたりの一連の流れで、瀬田川から摂河一円まで荒廃しているということで、全体として幕府が治水工事をやっているということだと思います。

**岩城**　そうですね。淀川は土砂堆積をもたらす河川としては大和川以上かも知れません、影響力というのは。淀川の土砂は大阪湾にはき出されると、海流に乗って尼崎城下とか兵庫の方までグルグル回るらしいので、淀川の治水というのは大変重要です。ですから淀川の問題、大和川の問題、さらに大坂の都市開発の問題と、大和川のこの付け替えの研究というのは非常に広がりを持つ重要なテーマだということが認識されたのではないかと思います。それと関連して、村田さんは綱吉政権期の対大名強硬政策や全国支配権強化策の中で付け替えを位置づけるべきだという、より大きな視点を提起されました。若干、質問ペーパーもいただいていますので、その点についてもう一度お話いただければと思います。

**村田**　五代将軍綱吉政権のひとつの性格として対大名強硬策であるということはよく言われることです。改易とか転封がその前の時代よりも非常に頻繁に行なわれています。それから幕領支配についても、全国に四〇〇万石ぐらいの幕領がありますが、例えばこの綱吉政権期に幕領全体にかかる役賦課が新しくされています。大きくいって幕領の役というのは三つありますが、そのうちの一つは幕府の最初の頃からありますが、残りの二つをこの綱吉政権期にかけていっています。それから大坂に関して言いますと、次の史料をご覧ください。

覚

一其元御普請段々出来ニ付而、自今以後年々不絶川浚国役被　仰付候間、可被存其旨事

一川筋御用之儀、万事両人弥入念被申付候、奉行も両組与力之内ニ而両三人程宛遂吟味、相応之者可被申付候、大分之御普請被　仰付候上之儀ニ候間、永々御普請之際も立、川筋不埋候様ニ各情出シ可被申事

一（略）

以上

正月廿二日

（戸田忠昌）
戸　山城守
（阿部正武）
阿　豊後守
（大久保忠朝）
大　加賀守

（良直）
藤堂伊予守殿
（直利）
小田切喜兵衛殿

（「町奉行所旧記」のうち「川筋御用覚書」『大阪市史』五より）

これは河村瑞賢の工事が終わった直後の貞享四年のものです。一応大坂を含む、この淀川筋を中心とする畿内の河川整備が完了したと、老中が大坂町奉行の二人に対して出しています。その第一条が「其元御普請段々出来ニ付而、自今以後年々不絶川浚国役被　仰付候間、可被存其旨事」と書いています。ここの川浚国役というものが特に淀川筋を念頭に置いていますが、この時は大坂だけでなくもう少し広い範囲を念頭に置いていたようです。この国役というのは他の資料によりますと国役普請の国役ではなく、西国筋国役というものですね。この西国筋というのは九州、中国、四国、要するに西日本です。西日本のすべての地域からお金を取って、そのお金でもって川浚えをするということです。ですからこれは当然幕領だけではなく大名領ももちろん含まれます。そのためこの綱吉の時期といいますのは、大名に対して、あるいは幕領に対しても非常に強権的に様々な政策を行なっていた時期と考えてよいかと思います。これ以前にも何度も幕府の役人が来て、杭打ちをしたりして付け替えの意思をある程度表明しますが、結局それは出来なかった。それがこの時期出来たというのはそのような綱吉政権の性格とかかわっているのだろうと。これは直接そういうものを証明する資料はありませんけれども、実は大和川付け替えをやっている間に実は関東でも手伝普請というのがやられています。先程も触れましたが、江戸時代の初めには手伝普請による川普請がありましたが、その後百年程はなかったのです。これが突然宝永元年に出てくる。そしてそれが大和川の付け替えだけではなく他の地域でも行なわれる。特に関東、東海で手伝普請による河川普請が行なわれるようになるわけです。ですからやはりそういう綱吉政権の全体の性格の中で付け替えを考える必要があると思います。

**岩城**　ありがとうございました。村田さんからは、大和川の付け替えの問題から近畿地方が幕藩体制、江戸時代全体の中でどういう位置を占めていたのかということも考えられるし、綱吉政権の性格も考えることが出来るというお話をいただきました。大和川とか石川、淀川のいわゆる国役堤は幕府が管理して、周辺の村々がお金を出して日々維持しています。ところが、例えば武庫川という川がありますが、あちらはそうした対象外の自然堤防がほとんどですから、水害が起きると尼崎城下まで水浸しになったりします。ですから河川は必ずしも全部同じ条件で幕府が管理しているわけではありませんので、どれ程大和川や淀川、石川という川が幕府から重視されていたのかがよくわかると思います。以上、最初に申し上げましたように自然的な条件とか、この政治的な背景が付け替えを考える時の重要な論点となることが、今回のネットワークの展示などで明らかにされたと思います。

では次に会場からのご質問にもありましたが、付け替えは短期間で終わっているがいったいどうやって付け替えたのか。恥ずかしながら私もつい最近まで川を付け替えるといえば川を掘るものだと思っていました。新しい川を。ところが新しい大和川は基本的には掘らずに横に堤防を付けた川です。その点について、水利や堤防などの技術について研究、展示されている狭山の博物館にいらっしゃった市川さん、大和川の付け替え方法について技術の側面からお話しいただければと思います。

**市川秀之**　今おっしゃられたように新大和川は大半築堤だけで掘削はほとんどしていません。掘削した場所は二か所程です。築堤する場合も、村田先生によれば、一町、つまり一〇〇メートルごとに担当を決めます。こういうやり方をしますと競争原理が働いて非常に早くなります。それと築堤の場合、材料をどこで入手するのかというのが重要です。これまで断ち割りをした三か所の築堤を見ますと、いずれもその近くの土を使っています。今でしたら大和川クラスの河川でしたらこういう土を、という国土交通省の基準が厳しいと思いますが、そういうことではなく砂のところは砂、粘土のところは粘土で、恐らく落堀川を掘削した土などを利用して積んでいるということで、材料が手近で入手出来ています。それと規格を一つに決めてずっと通していますので、工事としてはやり易かったのではないかと思います。そのようなことで非常に短期間で工事が完了したと思いますが、それにしても十数キロを半年というのは今から考えても驚異的なスピードということが言えると思います。

**岩城**　ありがとうございます。堤防というのはとてもおもしろく、本当に人間の知恵と技が刻み込まれているものです。どうやら河川工学関係の方がそういう近世の技術に大変注目されているようですが、それに応える研究があまり近世まではないと思います。この点で狭山池博物館は近世の土木技術という他所の博物館ではされない貴重な展示をされていますが、これも今後の大和川研究が深まっていくためには必要な分野だと思います。

さて、大東、柏原、松原、堺の博物館の方からそれぞれの地域にとっての付け替えの意義についてご報告頂きました。私は教育大学にいることもありまして、学校現場でこの大和川がよく取り上げられますが、どんな取り上げられ方をするのかというところに大変関心があります。その中で、地域によって随分受け止め方が違いまして、付け替えがよかったと大変強調される所と、いや、付け替えられた結果、例えば松原辺りはいまだに水はけが悪いなどの影響が出ている。特に矢内さんが鮮明に示されましたが、堺は新しい大和川が出来たことによって土砂堆積が始まり、堺港が駄目になってしまうと。地域の学校でもそのことが大変強調されているようですが、今回、矢内さんはそういうマイナス要因も当然あると。これは人間が自然に手を加えたわけですからマイナス要因はあるけれども、こんなプラスの要因もあると明確に打ち出されたことは大変大切だと思います。松原、柏原、大東からも単にこんな被害があったとか、ここがよかっただとか、そういうことを強調せずに、ある意味客観的にこういうことがあったんだという事実を端的に示されたと思います。矢内さん、今回そうしたマイナス面とプラス面という風に展示してみようと思われた意図は何かありますか？

**矢内**　堺が経済的に衰退したのは新大和川が原因だというのはある意味では非常にわかり易い話ですが、ある意味では大変短絡的です。本当にそれだけでいいのかということを考え直すことがこの三〇〇年を機会にやるべき事ではないかと思いました。それともう一つは、マスコミが大和川を取り上げる時も、堺に関してはプラス面を説明してもまったく聞こうとしないのです。新聞読者にわかりにくいという言い方をされるのですね。いやそれでは困ると。やはり資料からじっくりと歴史を考える時に、両方を考えながら見ていただきたいというのが意図としてあります。川の傍で都市文明が栄えたという話はあっても、その反対に川がない所で文明が栄えたという話は聞いたことがありませんので、そういう事も踏まえながら考えてみました。

**岩城**　この問題は実は学校現場では大変重要です。先生方の作った教材を見ても、付け替えられて恩恵が強く出た所はよかったと授業されていますし、逆に被害で大変だった所は大変だったというように。また地域によっては語るなといまだにいう所もあるぐらいです。当然ですね。自然に手を付けたわけですから色々なマイナス面も出ますが、でもよい面もあるわけです。その両方をちゃんと明らかにして考えていかないと、実は学校現場の授業はどうしても一面的によいとか悪いとかどちらかの結論を出すようになっていますので。今回いずれの博物館もそういうことにとらわれずに着実にさまざまな成果を出されたので、今後学校現場の授業も徐々に変わっていくのではないかと思っております。

さて、少しまとめをしたいと思います。今回、関西では初めてでしょうか、行政単位の博物館が枠組みを越えて連携してやられた。ミュージアムネットワークを自主的に組織されて、学芸員の方たちが何度も会合を持ってそれぞれの展示を実現したと。本当にこんなに深まったのかという程に力作揃いで大変感銘を受けています。今回の大和川展は派手な展示ではありませんが、非常にたくさんの方が来館されてじっくり見学している。今日のシンポジウムも、私、司会のお話をいただいた時には、そりゃ埋まらんやろ、と思ったわけですが、お聞きすると定員の二倍以上の応募があったということですね。私は今後の博物館の可能性を示唆するというか、取り組むべき方向を見せてくれた非常によい企画ではなかったかと思っています。事務局をされた柏原の安村さん、その点について最後にお話いただければと思います。

**安村**　岩城さんからお褒めの言葉を頂いて嬉しい限りです。ネットワークというのは、この辺でも幾つか例があると思いますが、それは近くの博物館が集まって、何かあったら協力しようやないか、という感じだと思います。一方、このように大和川という一つのテーマを持ってネットワークを組んで、それを基に展示をして、さらに、これも最初どの程度のものが出来るかわからなかったわけですが、こういうシンポジウムという形で成果を出せたのはよかったと思います。恐らくこういう形で近畿圏で取り組んだのは初めての事だと思います。一年半程前に一〇数館に声を掛けさせて頂きまして、そういう事だったら一緒にやろうということで集まったのがこの七館でした。それでそれぞれの地域と大和川との関わりという視点で展示しようじゃないかと。その地域での展示というのはあくまでも点でしかないわけですが、それが大和川を通じて線になり、さらに中先生や村田先生のように歴史的な背景を考える事によって、面として、歴史的な位置付けができるのではないかと。これもお話がありましたが、今まで大和川の付け替えについては総合的な研究がされていませんで、歴史的な評価も定まっていないのではないかと思います。ご存じの方でも中甚兵衛が中心になってやったという、その程度の知識しかないなかで少しでもどのような歴史的な意義があったのか、という事を明らかにしようとして取り組んできたわけで、私たちとしてはそれなりの成果を出せたのではないかと思っています。ただ、問題は今後どのような形で大和川の歴史的な意義や今日出された課題を考えていくのかという点。もう一つは博物館としてこういうネットワークをどういう形で維持し、あるいはその拡大、発展させていくことが出来るのか。これらが私たちに課せられた使命だと思っています。それを実現していくためには、市民の方々のご理解と応援がなければ出来ない事ですので、皆さん方のご協力をこれからもよろしくお願いしたいと思います。

**岩城**　今年は三〇〇年ですので大変光が当てられていますけども、やはり大切なのは三〇一年目、三〇二年目と続けて

中九兵衛氏

いくことだと思いますので、そういう意味でも今の安村さんのお話は大変心強いですね。本当に最後になりますが、今回三〇〇年を契機に多くの博物館で充実した展示が出来たのは、中さんが長い間丹念にご自分の家の資料を中心に歴史研究を積み重ねてこられたからこそだと思っています。今日、中さんが最初に述べられたことで大変印象深かったのは、今まで俗説が非常に多かったと。それに対して一生懸命その俗説の誤りを正してきた。そして今回こういう取り組みがあって三〇〇年を契機に本当に本格的研究が開けていく予感がする、というご発言でした。最後で恐縮ですが、中さんから今回の取り組みなども含めましてご発言いただければと思います。

**中九兵衛**　話の最初にちょっと偉そうな事を申しました。充分な研究もされていないし、フィクションや小説風のものが尊ばれていると。しかし、何かやっと動き出したと感じていることも申しましたように、今日のお話を聴かせてもらって、私には発想も浮かばないいろんな切り口で、研究に取り組んでおられる事がわかりまして、非常に嬉しく思っております。ところで、昨日、堺屋太一さんの講演会がありましたが、聴かれた方はございますか。おられますね。『俯き加減の男の肖像』という小説にも出てくるくだりですが、甚兵衛が工事完成後に何か望みはないかと聞かれ、「長年悩まされていた川がなくなったので、中川の川をとって中甚兵衛と名乗らせて欲しい」と言ったとして笑いをとっておられました。実際にも甚兵衛は、中川ではありませんが、川中家の出とよく言われています。現在も今米公園の横に川中家の屋敷が残っており、甚兵衛の生家だとする案内板も建てられています。しかし、史料が伝えるところによれば、川中家の誕生は、吉田川跡の新田を開発するために大坂から会所に移り住んだ河内屋が、名付けられた新田名にちなんで徐々に川中を姓とするようになったものなのです。川中新田内の会所も明治の初めまで存続しますが、途中、今米にも分家が出来ます。それが、今も残る今米の川中家屋敷で、建てられたのは一七六〇年頃なんです。付け替えの半世紀以上も後に建った家に、甚兵衛が生まれるわけはないですよね。でも、立て札もありますし、熱心な小学校の先生は見学にも行かれ、授業でも立派な家だったと話されるんです。それでも私は、「甚兵衛の生まれた家はもう残っていません」と生徒さんには事実を伝えねばならないもどかしさがあります。こういうことが、まだまだいろいろとございます。さらに、付け替え後の新田開発についても、問題点が残っています。新田の一覧表というのをよく目にしますが、それらはどれも、一旦開発を終えてから一二年程も経った享保五年の再検地後のものです。その間に、権利者もかなり変っていますし、領域の変化も起きています。開発者や元々の開発地域をこの表から拾うと、間違いも出てきます。このように、大和川付け替えに関しては、運動・工事・新田開発は、もちろんそうですが、さまざまな面で本当にしっかりと調べないと問題がたくさん残っていますので、安村さんや岩城先生もおっしゃったように、今日のような機会が単なる記念のイベントとして終ることなく、どんどん広がっていくように是非お願いしたいと思います。

**岩城**　ありがとうございました。安村さんと中さんから最後にまとめていただきましたので、私の方からは特にもうまとめをしないで終わりたいと思いますが、このシンポジウム自体、非常に画期的なものであったということで終了にしたいと思います。ありがとうございました。

# Ⅱ

# 博物館から見た大和川付け替え

# 付け替え三〇〇年と大和川水系ミュージアムネットワークの活動

安村　俊史

## はじめに

大和川の付け替え事業は、大阪の郷土史において重要な位置を占めるとの認識から、大阪府内の小学四年生が、かなりの時間を割いて学習することになっている。笑い話のようなことだが、大阪の小学四年生にとっては、もしかすると、豊臣秀吉よりも中甚兵衛のほうが有名なのではないかと思う。その一方で、大和川付け替え事業に関する歴史的な研究は、必ずしも深められているとはいえない。つまり、歴史的な研究・評価が確立していないできごとについて、小学校の先生が教え、小学生が学んでいるわけである。

わたしが勤務する柏原市立歴史資料館には、以前から多数の小学四年生が大和川の学習に訪れている。当館では、毎年秋に大和川の付け替えに関する展示をし、来館した小学校には解説やビデオ上映を実施している。そして、当館の見学と、柏原市役所前に当たる大和川付け替え地点の見学というコースで、毎年一万人近くの小学生が柏原市を訪れる。

これだけのニーズがあるのだから、当館だけでなく、より多くの博物館・資料館とともに大和川付け替えに関する事業に取り組めないか。また、大和川付け替えの歴史的意義をもう少し明らかにできないか。そして、それを小学生や市民にわかりやすく伝えることによって、より豊かな博物館活動を展開することができるのではないか。これを付け替え三〇〇周年という節目として盛り上げることはできないかというのが、大和川水系ミュージアムネットワーク設立の動機であった。

## 一、ミュージアムネットワークの設立

数年前から、知り合いの学芸員らの間で、付け替え三〇〇周年に博物館・資料館で何か共同事業ができないかと相談していた。みんな関心をもちつつも、この種の活動は誰かが音頭をとらなければ前に進まない。そこで、これまで付け替え関連事業にもっとも積極的に取り組んできた当館が中心となって、新旧大和川流域の博物館・資料館によびかけることにした。

まず、二〇〇三年六月に準備会を開催し、集まっていただいた数館のあいだで、どのような取り組みができるかを相談した。そこで集約された意見をもとに、当館から正式に周辺各館へよびかけて、組織を設立することになった。

その内容は、大和川付け替え三〇〇周年に関する何らかの展示を開催することを条件に、大和川付け替え三〇〇周年事業に協力して取り組むことを目的とし、①大和川付け替え三〇〇周年に関する調査・研究・情報交換に協力して取り組むこと、②互いに資料の貸借等に便宜を図り、特別展等の開催時期の調整などを図ること、③協力・共同して広報活動に取り組むこと、④見学会・講演会等の事業に協力して取り組むこと、などを中心的な活動とする

というものであった。

各館ともさまざまな事情があり、若干の混乱もあったが、大阪府立狭山池博物館、大阪歴史博物館、堺市博物館、大東市立歴史民俗資料館、松原市民ふるさとぴぁプラザ、八尾市立歴史民俗資料館、そして柏原市立歴史資料館の七館で発足することになった。

## 二、活動の経過

二〇〇三年一一月一六日に第一回の会議を開催し、正式に組織が発足することになった。そして、名称を「大和川水系ミュージアムネットワーク」とすることも決まった。それ以降、一～二カ月に一回のペースで会議を開催し、各館の展示計画や事業計画も次第に固まり、協力体制も少しずつ整ってきた。

このように会議を重ねるなかで、各館の事業だけでなく、七館が共同で取り組めるような事業ができないかという意見がだされるようになった。具体的には、スタンプラリーやシンポジウムを実現したいということになった。そこで、国・府・関係市などで組織されていた「大和川付替え三〇〇周年記念事業実行委員会」に申請し、五〇万円の助成金を獲得することができた。この予算内でふたつの事業に取り組むのは厳しいものであったが、できる限り各館の学芸員が自主的に活動し、ふたつの事業を成功させることができた。

スタンプラリーは二〇〇四年八月三日から翌年一月三〇日まで、大和川関連展示期間中のみ各館にスタンプを設置し、七館のうち四館のスタンプを集めた方には記念品を進呈するというものであった。なお、記念品は柏原ライオンズクラブから提供を受けた。

スタンプの台紙として作成したミュージアムマップはなかなか好評であった。大和川の古絵図をもとに、各館の

ミュージアムマップ

展示案内や事業案内、シンポジウムの紹介なども盛り込んだもので、このマップを手に訪れる見学者も多かった。四館のスタンプを集めた方は決して多くはなかったが、これをきっかけに、それまで訪れることのなかった博物館を訪れる人、遠方から訪れる人など、新しい入館者の獲得にある程度の効果を発揮したと考えている。

シンポジウムについては、本書に掲載されているとおりである。ミュージアムネットワーク設立のひとつの目的であった、大和川付け替えの歴史的意義を明らかにすることを目的に開催したものである。計画時には、このテーマでどれだけの人が集まってくれるだろうかと心配していたが、定員二〇〇名のところに四〇〇名以上の応募があり、わたしたちが予想していた以上に、大和川の付け替えについて関心がもたれているのだと実感した。

## 新旧大和川流域之図　みゅーじあむまっぷ

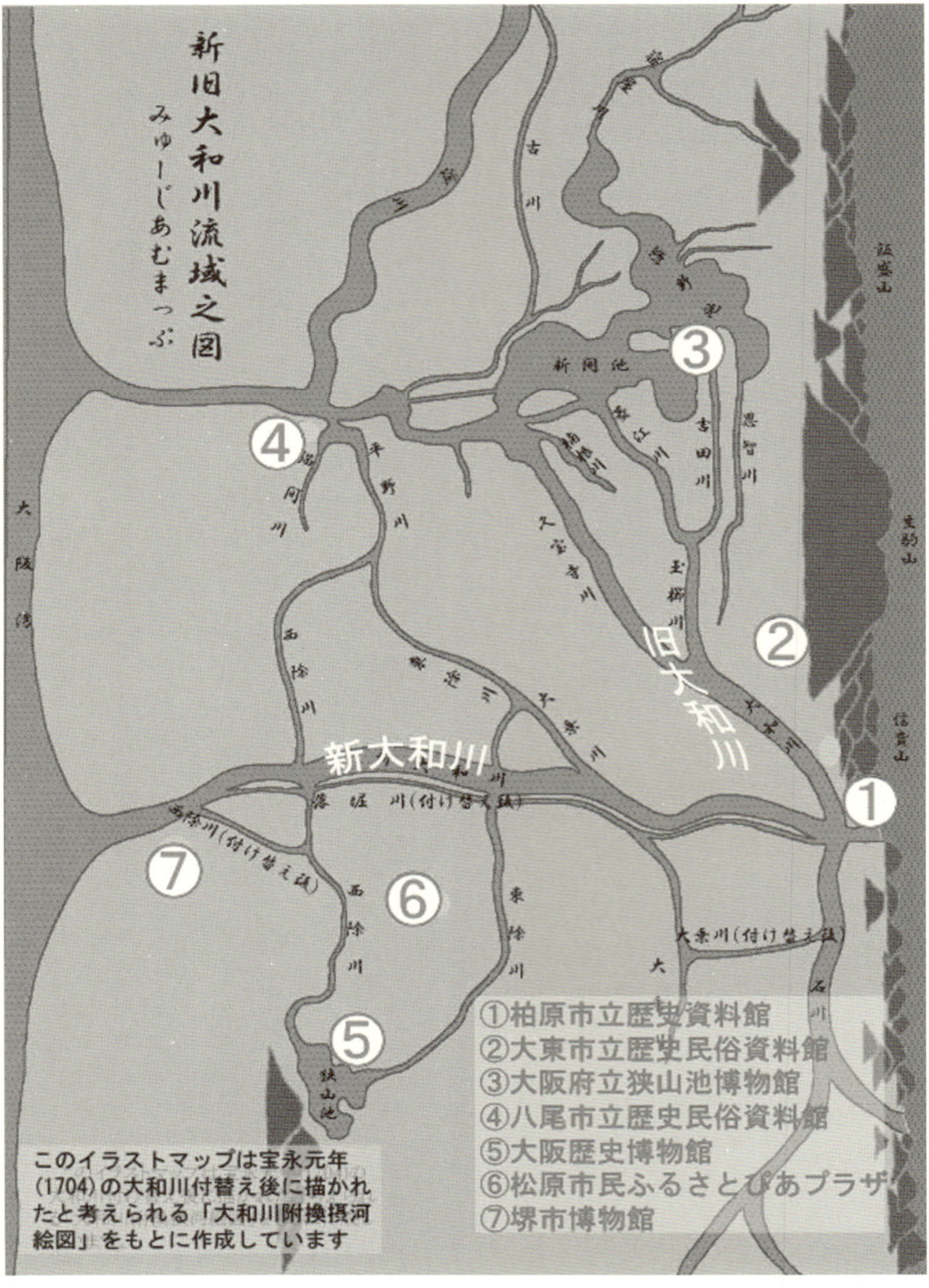
新旧大和川流域之図
みゅーじあむまっぷ
新開池
古川
吉田川
恩智川
玉櫛川
久宝寺川
平野川
西除川
東除川
狭山池
大阪湾
旧大和川
新大和川
落堀川（付け替え後）
西除川（付け替え後）
大乗川（付け替え後）
石川
①柏原市立歴史資料館
②大東市立歴史民俗資料館
③大阪府立狭山池博物館
④八尾市立歴史民俗資料館
⑤大阪歴史博物館
⑥松原市民ふるさとぴあプラザ
⑦堺市博物館
このイラストマップは宝永元年(1704)の大和川付替え後に描かれたと考えられる「大和川附換摂河絵図」をもとに作成しています

## 三、活動の成果

ここで、各館の展示について紹介しておきたい。大東市立歴史民俗資料館では「大和川付け替えと深野池」、大阪府立狭山池博物館では「近世を拓いた土木技術」、八尾市立歴史民俗資料館では「大和川つけかえと八尾」、大阪歴史博物館では「大和川付け替えと江戸時代の大坂」、松原市民ふるさとぴあプラザでは「大和川付け替えと松原」、堺市博物館では「堺と新大和川」、そして柏原市立歴史資料館では「絵図に描かれた大和川」「大和川を掘る」「つけかえから三〇〇年」という特別展・企画展が開催された。

いずれも大和川付け替えと地域との関わりという視点からの展示であり、それぞれの地域が大和川付け替えの前後でどのように変化したのかを明らかにするという意義深い展示であった。そして、それぞれの展示に関連して講演会や見学会が開催され、ネットワーク各館で各種の事業に協力した。また、広報面ではポスターやリーフレット、広報紙などで各館の展示について紹介するなどのかたちでお互いに協力した。

なお、展示によって初めて明らかにされた資料も多く、今後の大和川付け替えに関する研究にも大きな役割を果たすことであろう。その点でも、今回の各館の展示は、大きな意義があったと考えられる。

このように、大和川水系ミュージアムネットワークの活動は、さまざまな効果をもたらしたと考えているが、ここで改めてその成果について、まとめておきたい。

まず、大阪周辺でも博物館・資料館のネットワーク活動はさまざまに取り組まれているが、今回のように一つのテーマのもとに各館が集まり、期間を限って取り組んだ事業としては、近畿地方では初めてのことであろう。しかも、学芸員が直接事業を展開する実質的な意味でのネットワークであった。

その成果としては、学術的には本書で紹介されているシンポジウムの開催とともに、各館の展示や図録によって新しい史料が紹介されたり、新しい解釈が示されたりするなどの成果もあった。これらは今後の大和川付け替えに関する研究に大きな役割を果たすことであろう。しかし、ネットワークとして研究を深めることができなかった点は少し残念に思っている。それだけに、これら新じい成果を今後に活かすための役割を本書が果たしてくれることを期待している。

次に、博物館活動としては、各館の入館者の増加や、初めての見学者の開拓などに効果をもたらしたと考えられる。そして、これらは大和川の歴史に対する理解の普及に大きな役割を果たしたと確信している。

また、この活動を通じて、各館の学芸員の意識向上にも役立ったと考えられる。普段の活動では一人、もしくは館内の数人と取り組むだけであるが、今回のように他館の学芸員との討議・情報交換のなかで、普段は経験することのないような体験をすることができた。そのなかで、新たな問題意識や自館の課題なども確認できたように思う。そして、その後もお互いに連絡を取り合いながら、さまざまな面で協力している。これも各館の財産といえるだろう。

さらに、規模の大きい館ではシンポジウムや広報面を担当し、規模の小さい館ではミュージアムマップ作りや各種の交渉を担当するなど、大小の館が一緒に取り組めたのも大きな成果であった。

以上のように、学術的な成果、博物館活動としての成果、学芸員としての成果など、さまざまな面にわたって成果のあがる事業であったと考えている。

## 四、今後に向けて

大和川水系ミュージアムネットワークの活動は、三〇〇周年を終えて休止状態にある。活動の継続を求める声も聞くのだが、これだけの情熱をもち続けることは困難であり、しばらく休憩することにした。また、これを母体として、もっと広い範囲での博物館ネットワークの設立も望まれている。しかし、今回の試みが成功したのは、三〇〇周年という期限があったため、それを目指して取り組めたからだと思う。大きな組織も必要だろうが、また何かテーマを決めて、それに賛同する館で新たな組織を作り、取り組むのもひとつの方法だと思う。そして、そのほうが、やりがいがあるのではないかと思う。また機会があれば集まればいいのであって、そのときのよびかけにネットワークの七館が中心的な役割を果たせればいいのではないかと思う。

ネットワーク事業は、さまざまな成果があった反面、いくつかの課題も残された。現在の博物館・資料館を取り巻く環境は決して望ましいものではない。経費や人員の削減、指定管理者制度の導入など、ネットワークに参加した七館すべてが何らかの問題を抱えている。そして通常の業務とは別に、このネットワーク事業に取り組まなければならなかったのである。その負担は当然のことながら各学芸員が担うことになった。そのなかで、各学芸員はほんとうにがんばっていた。取り組んだ当初は、あまり自信はなかったが、これだけの成果をあげることができたのは、すべて各学芸員のがんばりにあったといっても過言ではない。そこには、付け替え三〇〇周年の意義を明らかにし、それを少しでも多くの方に知らせたいという情熱が支えとなっていたと思う。

そしてネットワーク事業に対して、マスコミや研究者、一般の方々からも高い評価をいただきながら、肝心の行政内部での評価があまり聞こえてこなかったのも事実である。ここに、行政—館—学芸員という関係の難しさを感じる。ネットワークへの参加を見合わせた館にも、この関係がうまくいっていなかったために参加できなかった館もある。学芸員個人のがんばりだけに支えられている博物館活動の実態については、今後考えていかねばならないだろう。

また、大和川付け替えの意義を明らかにするという学術的目標は、この書において一応果たせたとは思うが、決して満足のいく結果を得ることはできなかった。本書や新しい史料をもとに、今後どのように大和川研究を進めるかというのも大きな課題である。

さらに、大和川の歴史について、ほんとうにわかりやすく市民に伝えることができただろうか。また、大和川の付け替えについて学ぶ小学生に、役立つものとなっただろうか。その点についても課題は多いと思う。

いずれにしても、今回の活動は複数の博物館の協力体制、博物館から市民への働きかけ、博物館活動の学術的成果などの面で、今後の博物館における活動の事例となるものと確信している。新たな博物館活動の礎として、ミュージアムネットワークの活動が何らかの参考となるならば望外の喜びである。

# 柏原市立歴史資料館

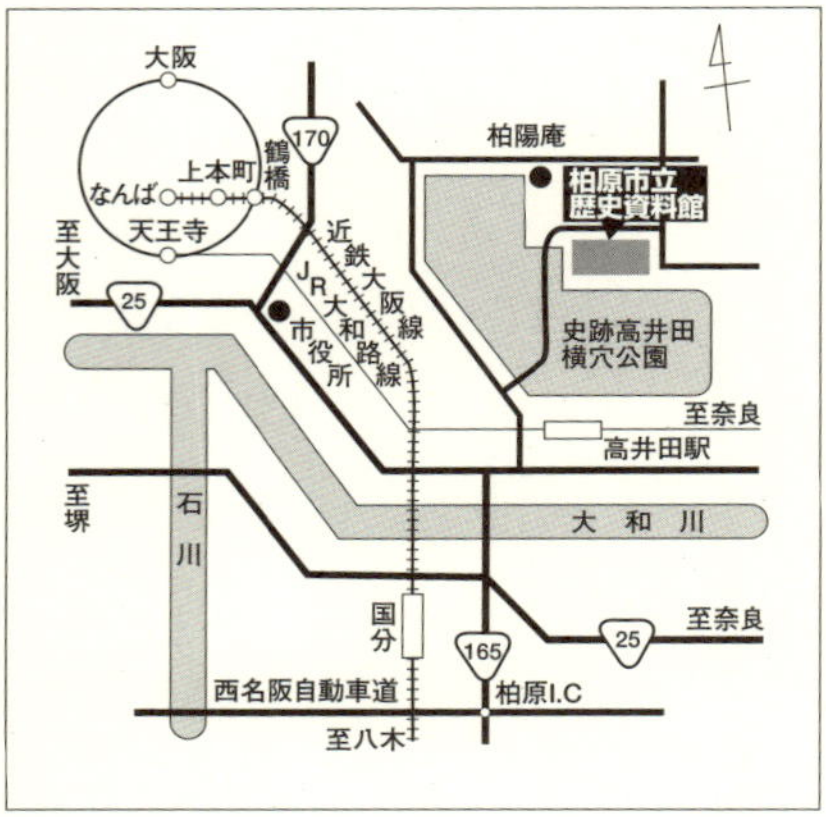


## 大和川付け替えと柏原

宝永元年（一七〇四）に大和川が付け替えられた際に、旧大和川は巨大な堤防を築いてせき止められ、新大和川へと水が流れるようになった。この堤防を築留《つきどめ》といい、ちょうど柏原市役所の前にあたる。そのため、大和川の付け替えといえば柏原というイメージが定着しているように思われる。現在、築留には小さい公園が造られ、中甚兵衛の銅像や説明板、付け替え二五〇周年の記念碑などが建てられている。また、大和川の河川敷では、散歩や釣り、ボール遊びなどを楽しむ人たちの姿が絶えることはない。このように穏やかな顔を見せてくれる大和川ではあるが、これまでの柏原と大和川との関わりは苦難の歴史であったと言っても過言ではない。

柏原市域も、古代から何度も大和川の洪水の被害を受けてきたのだが、元和六年（一六二〇）と寛永一〇年（一六三三）の大洪水は、旧大和川の西側に位置する柏原村に大きな被害をもたらした。この被害からの復興をめざして、代官の末吉孫左衛門は了意川から平野川に船を通すことに尽力した。これを柏原船という。柏原船は柏原と京橋との間で荷を運び、柏原村の復興だけでなく、柏原村周辺の発展に大きく寄与することになった。

このように、大和川の洪水で何度も被害を受けていた柏原村であるが、大和川付け替えに対しては、一貫して反対の立場であった。なぜだろう。おそらく、村の土地が新大和川によってかなり奪われることや、付け替え後に洪水がおきた場合、それまで以上の被害があると考えてのことだったのだろう。ところが、付け替え後には、旧大和川を往来していた剣先船が衰退するにも関わらず、柏原船の利用は盛んになり、柏原村の発展は目覚ましいものがあったのである。この柏原船の船だまり跡周辺は、了意川（平野川）の面影をよく残している。また、柏原船の営業に関わった三田家住宅（重要文化財）や寺田家住宅（登録文化財）などが今も残っている。

一方、旧大和川の東側、大県郡の一部は付け替えを望んでいたようである。大県郡でもたびたび洪水の被害があったようで、この被害から逃れるために付け替えを望んだのであろう。ところが、貞享四年（一六八七）の治水工事の嘆願書には大県郡の名は見えず、それ以前に付け替え運動から撤退していたようである。その間の詳しい事情を示す史料は残されていないが、付け替えによって、洪水の被害が少なくなったのは事実である。

また、大和川の南側の国分村でも、大和川の洪水に伴う排水不良地が広がっていたようであり、一七世紀中ごろに、排水不良地を水田にするために大和川へ排水する田輪樋が設置されている。また、剣先船のひとつとして、国分船を運航するなど、国分村の経済活動も活発だったようである。

このように、大和川と深い関わりをもちつつ発展してきた柏原は、現在も市域の中心部を一級河川である大和川が流れる町として存在しており、大和川が市民の生活の一部となっていると言っても過言ではない。そのため、大和川付け替え三〇〇周年にも他市よりも関心が高かったように思われる。

付け替え三〇〇周年に伴う企画展

柏原市立歴史資料館では、大和川付け替えから三〇〇周年となる平成一六年度に、春季・夏季・秋季と三回連続して大和川付け替えに関する企画展を開催した。それぞれの企画展を大和川付け替え企画展Ⅰ・Ⅱ・Ⅲとし、「絵図に描かれた大和川」、「大和川を掘る」、「つけかえから三〇〇年」と題した展示であった。

まず、「絵図に描かれた大和川」では、中九兵衛氏所蔵史料の絵図を中心に、当館で所蔵する付け替え以後の絵図も展示した。展示では、付け替え前、付け替え工事、付け替え後とコーナーを分け、その変遷が一目でわかるように工夫した。付け替え前と付け替え工事に関する絵図はすべて中氏所蔵絵図であり、付け替え後の絵図は当館で所蔵する水利関係や新大和川の堤防の維持管理に関する絵図であった。古文書を理解してもらうのは難しいが、絵図ならば、かなり理解してもらえたようだ。

「大和川を掘る」では、発掘調査によって出土した考古資料を中心に、弥生時代から付け替えまでの大和川の流れとその変化について展示した。さらに、新大和川堤防の調査成果なども展示することによって、新旧の大和川を新たな視点から検討を加えようと試みた。とりわけ、新大和川堤防の調査については、これまであまり知られていなかったため、講演会なども含めて、非常に高い関心を呼んだようである。そのため、企画展後も新大和川堤防についての講演や原稿依頼が数件あった。

「つけかえから三〇〇年」は、当館で秋季企画展として例年開催している大和川付け替えに関する展示として実施した。この企画展には、大和川学習として多数の小学四年生が見学に訪れるため、できるだけわかりやすい展示をと心がけている。展示の中心となるのは、やはり中氏所蔵史料であるが、大和川付け替え反対の文書（藤井寺市立図書館蔵・小泉家文書）も展示することによって、付け替え賛成・反対の両者の立場から付け替えについて考えてもらうことを試みた。

このように、まったく異なる視点からの企画展を三回開催することによって、大和川付け替えに対する新たな視点も提示できたと考えている。わたし自身も、この三回の展示を通じて、大和川付け替えに関してかなり検討を深めることができた。また、これらの企画展に伴って、『大和川―その永遠の流れ―』（カラー・二〇頁）という図録を作成したが、完売し、在庫はない。

## 大和川付け替え学習への取り組み

前述のように、大阪府内の小学四年生が、大和川の付け替えについて、かなりの時間を割いて学習をしている。その一環として、秋季企画展中の当館と付け替えの現地（築留）を見学に訪れる。

市役所北隣のリビエールホールから新旧の流路を見学することができ、築留では中甚兵衛の銅像などの見学と旧流路の名残りである長瀬川を眼下に見下ろすことができる。築留の北側に降りると、レンガ積みで登録文化財となっている二番樋を見ることもできる。昼食は市役所前の大和川河川敷か、当館に隣接する史跡高井田横穴公園でとり、遠足や社会見学のコースとして、多数の小学校が利用している。これにぶどう狩りを組み込む学校もある。

さて、当館の取り組みであるが、毎年秋季企画展として大和川付け替えに関する展示をし、見学に訪れた学校には、一五分程度の解説と一五分のビデオ上映を実施している。展示の中心となるのは、中氏所蔵史料、すなわち付け替えの功労者中甚兵衛の残した資料である。最もこどもたちに人気があるのは、中甚兵衛が付け替え工事の際に着用したとされる鹿革の陣羽織である。古文書や絵図は、やはり小学四年生には難しいようであるが、少しでも理解してもらえるように、リーフレットや解説文をできるだけわかりやすく書くようにしている。また、付け替えを望んだ理由や反対した理由を箇条書きにするなどの工夫もしている。展示やパネルの位置を低くするなどの配慮もしている。

本当は展示を見ながら説明できるといいのだが、狭い展示室で一〇〇名前後のこどもたちに説明をするのは無理である。それでなくとも他校と見学時間が重なったりして、かなり混乱しているのが現状である。そのため、解説は研修室で実施している。解説では地図やパネルを使ってできるだけわかりやすく、また見学校の身近な話題を取り上げることによって、大和川付け替えを身近な問題として捉えられるよう工夫している。

解説とともに上映しているビデオは、大阪東信用金庫が作製した「わたしたちの大和川」というビデオである。小学生には少し難しいかもしれないが、映像の力はやはり大きいようである。

このようなメニューで来館校に対応している。見学時間は解説なども含めて約一時間。秋季企画展中に当館を訪れる小学校は例年約七〇校、七、〇〇〇人前後である。これは、当館の年間入館者の三分の一にあたり、当館にとっては大事なお客さんというところである。さらに充実させるため、教師向けの見学マニュアルを作成し、見学ポイントなどを事前に知らせている。また、アンケートを実施して次年度の展示に活かせるようにしている。解説で地図やパネルなどを導入するようにしたのも、アンケートでの要望による改善のひとつである。

そこで、先生方にお願いがある。ぜひ、事前に教師向けマニュアルやリーフレットを読んで来館していただきたい。こどもたちにもぜひリーフレットを読むように指導していただきたい。足早に展示室を通り過ぎるだけの学校や、なんの目的も説明しないまま一〇分後に集合などと言っている先生をしばしば見かける。なかには展示室に入りもせず、煙草を吸っている先生もいる。事前に人数分のリーフレットを渡しているにも関わらず、それを配っていない学校もある。

ただ、このような学校ばかりではないことも断っておきたい。熱心な学校も多数ある。見学の感想文を送ってくれる学校もある。全体的な評価としては、当館の展示は概ね好評のようである。口コミや前年度の先生から勧められて当館を訪れる学校が少しずつ増えている。せっかく来館しているのだから、有意義に活用していただきたいと思う。そのために当館に改善すべき点があれば、どんどん提言していただければいいと思っている。

大和川の資料紹介

**中九兵衛氏所蔵資料**

当館の所蔵資料ではないが、毎年秋季企画展でその一部を借用し、展示している。「付け替えの嘆願書」やその後の「治水工事の嘆願書」は付け替えの経緯を知る貴重な史料である。また、「堤切所付箋図」には、水害で堤の切れた部分に付箋が貼られている。その付箋が、何枚も重なるように同じところに貼られているのをみると、洪水のすさまじさも理解できる。こどもたちに人気の「中甚兵衛着用の鹿革陣羽織」は、内側に「水」という文字が三種類の書体で書かれている。どのような思いで「水」と書いたのであろうか。いつも小学生に問いかけている。

中甚兵衛着用鹿革陣羽織（N-070103）

「新川と計画川筋」には、新大和川の計画ルートが五本描き込まれている。「地形高下之図」では、新大和川が綿密な測量のもとに築かれたことがわかるとともに、ほとんど川底を掘らずに築かれたことも示している。これ以外の史料も含め、付け替えの姿に迫ることのできる数少ない史料の中心をなすのが中氏所蔵史料である。

**柏原市立歴史資料館所蔵史料**

当館にも寄贈・寄託による大和川関連の史料はかなり存在するが、そのすべてが付け替え以後の史料であり、水利関係の資料が多数を占める。「大和川堤・樋・井路絵図」（安尾家文書）では、大和川・石川合流地点の複雑な水路・樋が描かれている。「角倉與一代官所支配組合村絵図」や「築留・青地樋用水組合村々絵図」には、水利関係の詳細が描かれている。「築留樋前堀関仕形絵図」は取水をめぐって争論となり、堺奉行所が裁許した際に作製された絵図であるが、砂俵を積んで取水する様子や渇水時の取水方法が描かれている。また、「市村新田検地帳」や堤防の維持管理に関する史料も多数みられる。

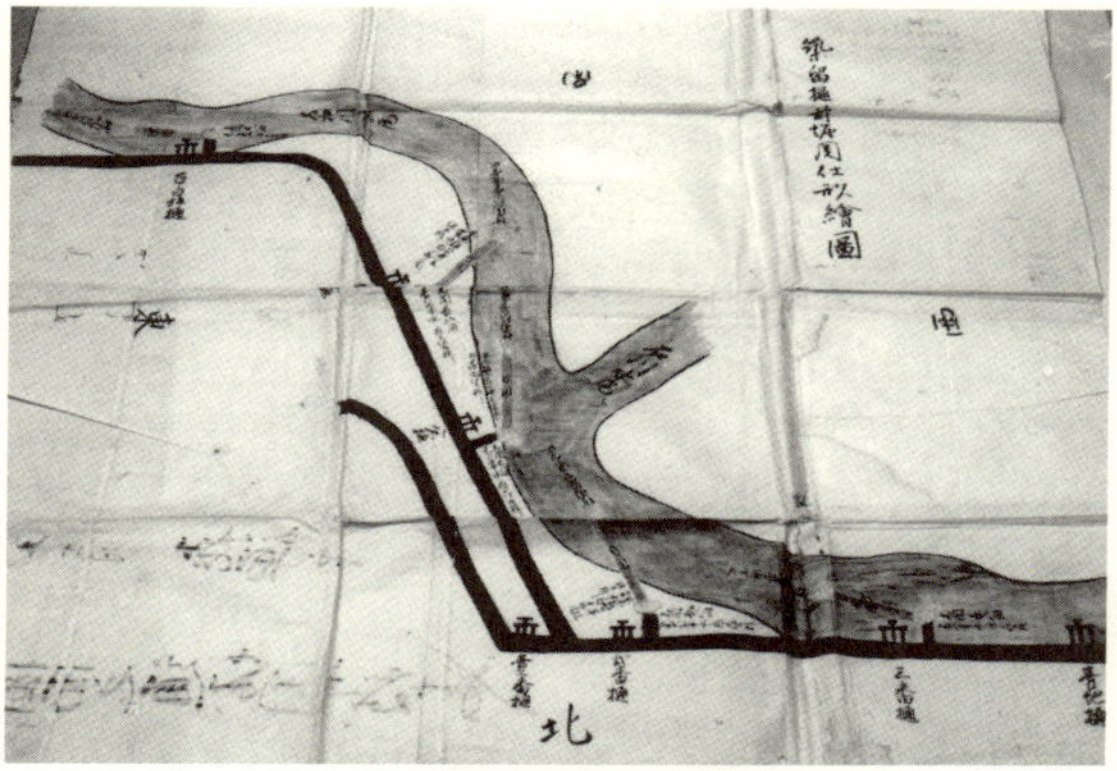

築留樋前堀関仕形絵図

**利用案内**

柏原市立歴史資料館は、史跡高井田横穴公園に隣接し、常設展示では、柏原市内出土の考古資料によって旧石器時代から中世を、古文書によって近世の展示を行ない、米作りやぶどう酒造りの民具によって、ちょっと昔の柏原の展示を行なっている。大和川付け替えに関する常設展示はパネル二枚のみだが、前述のように、例年九月下旬から一二月上旬にかけて、大和川付け替えをテーマとした企画展を開催しており、来館小学校には展示解説やビデオ上映を実施している。

開館時間　午前九時三〇分～午後四時三〇分

観覧料　無料
休館日　月曜日（祝日でも休館）、年末年始
交通　ＪＲ大和路線（関西本線）高井田駅から北へ徒歩五分
近鉄大阪線河内国分駅から北へ徒歩一五分
駐車場は七台分のみ。できるだけ公共交通機関でお越しください。
所在地　大阪府柏原市高井田一五九八―一
電話　〇七二―九七六―三四三〇
ＦＡＸ　〇七二―九七六―三四三一
ホームページ　http://www.city.kashiwara.osaka.jp/syakaikyoiku/bunkazai/kan.html
団体見学の申し込みは、事前に電話などで確認のうえ、見学申込書を直接、郵送、ＦＡＸで提出してください。見学内容や時間については相談のうえで決めさせていただきます。

（安村俊史）

# 八尾市立歴史民俗資料館

## 「大和川つけかえと八尾」展の取り組みとその後

八尾市立歴史民俗資料館は、昭和六二年一一月に開館し、常設展「八尾の歴史と文化財」と題した通史展示を行なってきた。この展示の基本観点は、「八尾市を日本史および東南アジア史の関連からみつめる。」「八尾市の地理的条件（大和川等）との関連からみつめる。」の二点を挙げ、八つのテーマから展示した。

大和川に関しては「原大和川流域の開発」で、弥生時代から古墳時代の大和川と呼ばれる以前の原大和川流域の開発を紹介し、「大和川付け替え」では、江戸時代の大和川付け替えと河内の綿作り、河内木綿を紹介した。このほか、タイトルにはなっていないが、各テーマは大和川と関連するように設定してきた。以上からわかるように、当館

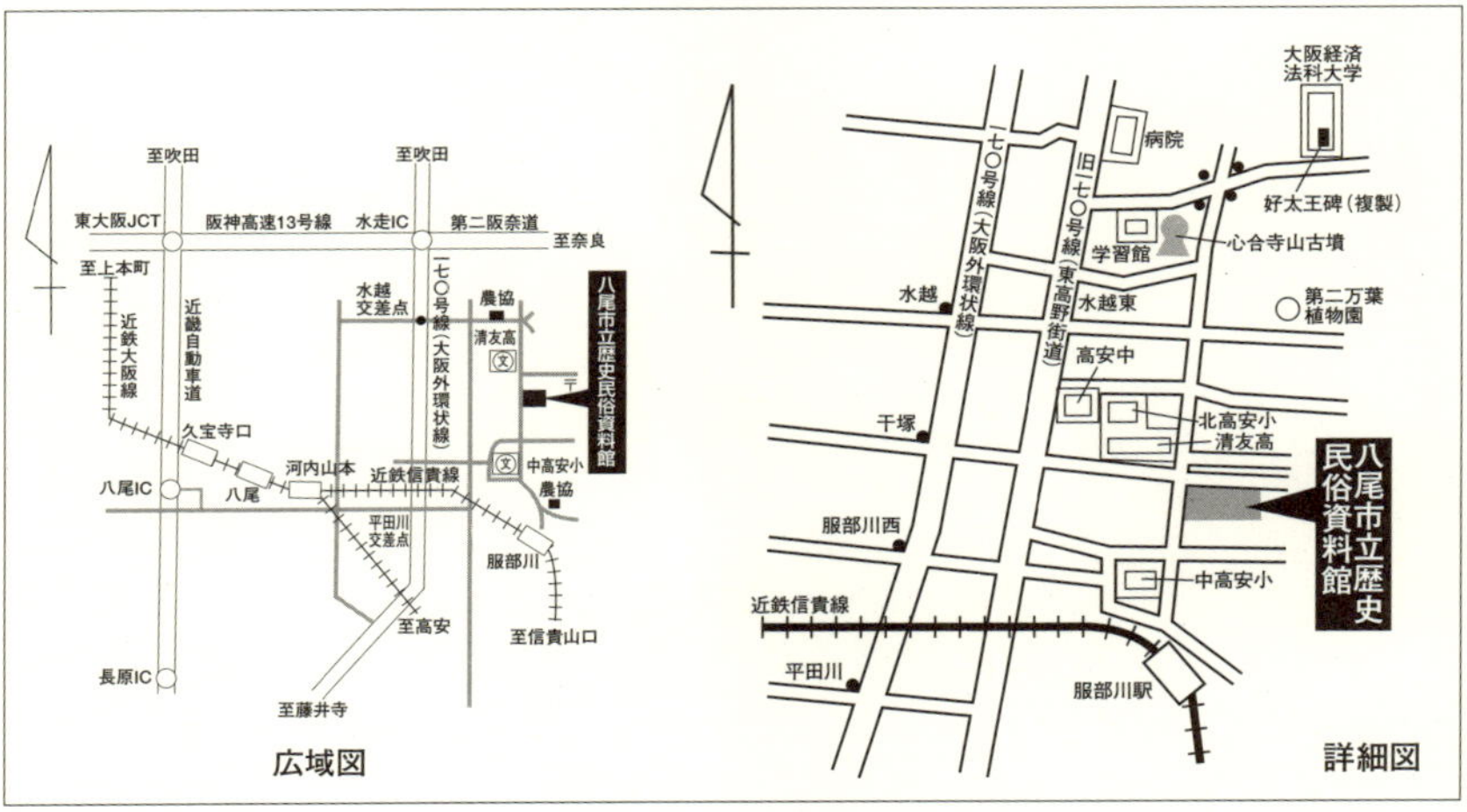

広域図　詳細図

の姿勢は、旧大和川流域とそこに住む人々との関わりを示すものであった。

大和川に関連した特別展・企画展としては、平成六年度特別展「天下の台所「なにわ」と河内」、平成一四年度企画展「河内の災害史」があり、このほか、綿、木綿に関して、平成一一年度企画展「木綿―その用と美―」、平成一三年度企画展「河内の手織機」などで紹介してきた。

平成一六年度特別展「大和川つけかえと八尾」は、開館以来の調査・研究・展示の積み重ねやこの展覧会のため新たに借用し、調査を進めた若江郡今井村小川家文書調査（個人蔵）の成果であった。

小川家文書は、大和川付け替え以前の絵図や文書を多数所蔵しており、大和川付け替え以前の外島の開発状況や用水敷設の場所、および管理の状況がわかる貴重な文書があり、これを展示の導入とした。

大和川付け替えの具体像は、村田路人氏の研究（「宝永元年大和川付替手伝普請について」『待兼山論叢』二〇号、一九八六年）から、新川の流路にあたる志紀郡太田村（現八尾

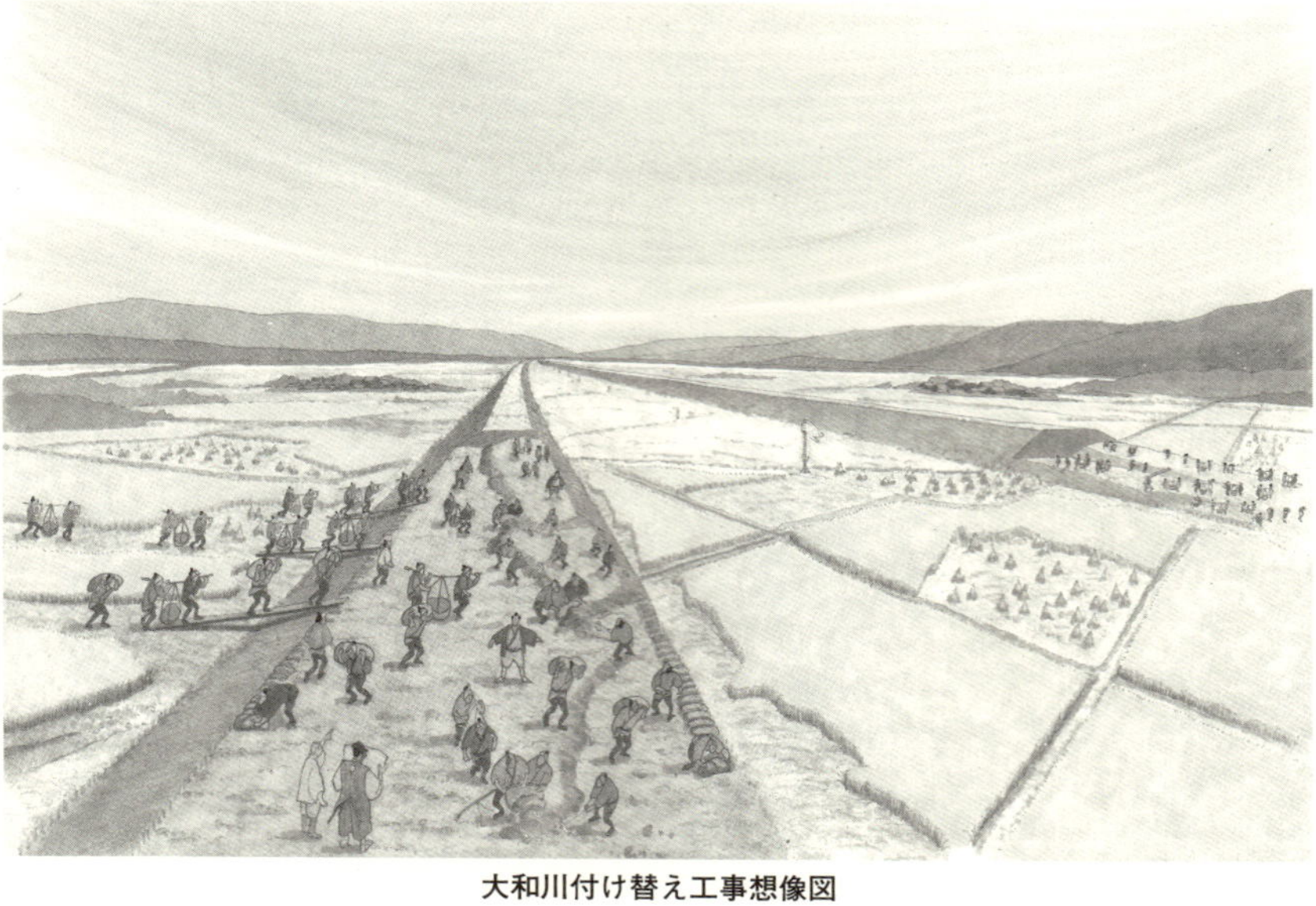

大和川付け替え工事想像図

市太田）柏原家文書（府立中之島図書館蔵）を活用し、どのように新川が付け替えられたかを示した。しかし、古文書だけでは具体像が示せないため、史料を基に「大和川付け替え工事想像図」（イラスト）を作成した。

イラストは、航空写真、各種地図、古文書、小学校の副読本のイラストなどを参照して作った。構図は、太田村堤防から南西を見ていることにし、中央右に築留から一〇町ごとに打たれた「吹きぬき」を描き、その間に打たれた一町ごとの杭がみえるようにした。耕地の畦の向きは、柏原家文書の「大和川石川川違ニ付御普請領内潰地絵図」の畦の向きから割り出した。季節は、旧暦の四月一〇日ごろが太田村の工事開始時期なので、この時期に設定した。新暦では五月中旬である。文書では、麦の収穫期と工事が重なり、収穫することの困難を訴えた訴状があるので、まだ川床に麦が一部しか収穫できていない状態を描き、遠景では田植えが終わった村もあることを緑色で表現した。

最も困難だったのは、堤防をどのように築いたか、それをどう表現するかだった。参考にしたのは、「河内の災害史」展で活用した明治一八年九月に決壊した淀川堤防の修復を描いた『洪水志』（大阪歴史博物館蔵）のなかの「枚方決壊所新堤修築ノ図」であった。この図には、淀川堤防の斜面は、土をつめた俵を一人の人が一つずつ担ぎ、それを斜面に積み上げている。堤防中央部は、土をつめた畚（もっこ）を二人で担いで運んでいる。大和川堤防がどのように築かれたかは、解明できなかったが、これを基にすることにした。

このほか、大和川付け替え後の新田開発の仕組みと新田絵図を紹介した。これら絵図は、トレースとともに現在の地形図に輪郭を落とした図を展示した。

次に新大和川の問題として新大和川堤防の構造を問題とした。これについては、岩城卓二氏に史料の選定、解説、さらには「新大和川堤防付近図」（イラスト）の監修をお願いした。このイラストは、太田村堤防を西へ向かって描いたもので、先ほどの「大和川付替え工事想像図」とはまったく逆の方向とした。この図は北側堤防と南側堤防

新大和川堤防付近図

の断面からはじまり、堺に向かって流れる大和川が描かれ、堤防犬走りに牛が放牧されている様子や、馬踏が交通路として利用されている様子、樋と用水の構造、堤防を守るための構造物、柳の挿し木、「杭出し」や「杭棚」といった水制の様子がわかる情報を入れていただいた。

最後に、旧大和川の用水組合である築留組合を取り上げ、付け替えによって再編された用水体系とその組織について紹介した。

この展覧会はすべての図をトレースし、展示した古文書はすべて無料の資料集をつくるなど、展覧会が終わっても活用できるようにした。また、作成したイラストが、小学校の副読本に採用されるなど、学校教育との連携も少しずつ進んでいる。

平成一八年七月、当館は、常設展を「大和川流域と高安山―その歴史と文化―」にあらため、三つのテーマで展示している。そのなかに「大和川付け替えと河内木綿」を設置し、「大和川つけかえと八尾」展の成果を展示している。是非ご来館いただきたい。

大和川の資料紹介

**「河内国築留用水掛七拾八ケ村・平野川用水掛弐拾壱ケ村・石川大和川之夏引絵図」**　館蔵

新大和川から取水する下流の旧大和川流域や石川流域の各村の用水体系や付け替えられた跡地につくられた新田などが書き込まれた絵図である。なお、この絵図は、平成一五年度文化庁芸術拠点形成事業の地域連携事業の一環として複製品を製作し、学校に貸し出している。

**宝永元年七月付「待井樋・榎木樋出来候節仲間堅証文」**　館蔵

大和川付け替えのとき、太田村・南木本村・六反村・長原村・出戸村・平野郷町など大乗川・王水井路を活用していた下流の村々が取り交わした証文である。公儀は、付け替えにあたり、用水が川床になる村々に新たに新大和川から樋を引くことを許した。このため、各村は諸費用・人足などを出すことを取り決めたものである。

## 利用案内

常設展「大和川流域と高安山―その歴史と文化―」は、「掘り起こされた八尾の歴史」「写真と資料でみる八尾の風景」「大和川の付け替えと河内木綿」の三つのテーマで展示している。発掘調査でわかったこと、八尾の景観を造ってきたさまざまな出来事、大和川と河内木綿の歴史を紹介することで、八尾のそれぞれの魅力が発見されることに努めた。

また、河内木綿体験コーナーを設置し、綿繰り、糸紡ぎなどを体験できる。また、夏休みには「河内木綿　親と子の体験学習」を実施し、綿畑での綿摘みや型染め体験などを行なった。さらに冬期間に「マフラーを織ってみよう」と題して、腰機（原始機）を利用した機織体験を実施している。いずれも、大和川付け替えに伴う綿づくりと関連する行事である。

八尾市立歴史民俗資料館は、高安古墳群が点在する高安山山麓にある資料館で、江戸時代には山の根木綿で有名な場所である。特別展一回、企画展三回程度を実施し、資料館歴史講座、古文書講座、ボランティア養成講座、各種体験学習、史跡ハイキングを実施している。これら事業にはボランティアや友の会が協力している。また、館情報としては研究紀要・館報の発刊、ホームページの公開を行なっている。

開館時間　午前九時～午後五時（入館は午後四時三〇分まで）
観覧料　一般　二〇〇円　大・高校生　一〇〇円（団体二〇名以上は半額）
ただし、特別展料金は別途定める。
減免　中学生以下、六五歳以上、障害者手帳・療養手帳または精神傷害保険福祉手帳の所持者および介助者、並びに学校園行事の引率者
休館日　火曜日、祝日の翌日
（その日が土・日曜日、祝日に当たる場合は、その翌日以後の土・日および祝日でない直近の日）
交通　近鉄信貴線服部川駅下車徒歩八分
所在地　大阪府八尾市千塚三―一八〇―一
電話　〇七二（九四一）三六〇一
FAX　〇七二（九四一）六一九三
ホームページ　http://www.kawachi.zaq.ne.jp/yaorekimin/

（小谷利明）

# 大東市立歴史民俗資料館

「大和川付け替えと深野池」～深野池を通して見た大東の歴史～

当館では、平成二年に「近世大東の新田開発―大和川の付替えと深野池―」と題して、特別展を開催した。そこでは、宝永元年（一七〇四）の大和川付け替え後、深野池や吉田川などの池床跡、河床跡で新田開発が行なわれ、特に深野池では、東本願寺難波別院が、開発に深く関わったほか、大坂市内の有力商人が、開発を請け負い、新田経営に乗り出したことなどを取り上げ、また、その他の新田についても、その開発時期を明らかにした。しかし、大和川付け替えそのものの詳細な経緯や、付け替え後の変化、特に本市域においては、新田開発が行なわれた結果、もたらされたものは何であったのかという展示までには至らなかったように思われる。

今回、大和川付け替えをテーマにした企画展を計画するにあたって、展示でそのような問題を提起することができればとの思いで、準備にとりかかった。しかし、準備を進めていくうちに、大東市民に、大和川付け替え工事そのものがどれだけ知られているのか、かつて本市には、今はもう見ることができないが、深野池という大きな池が

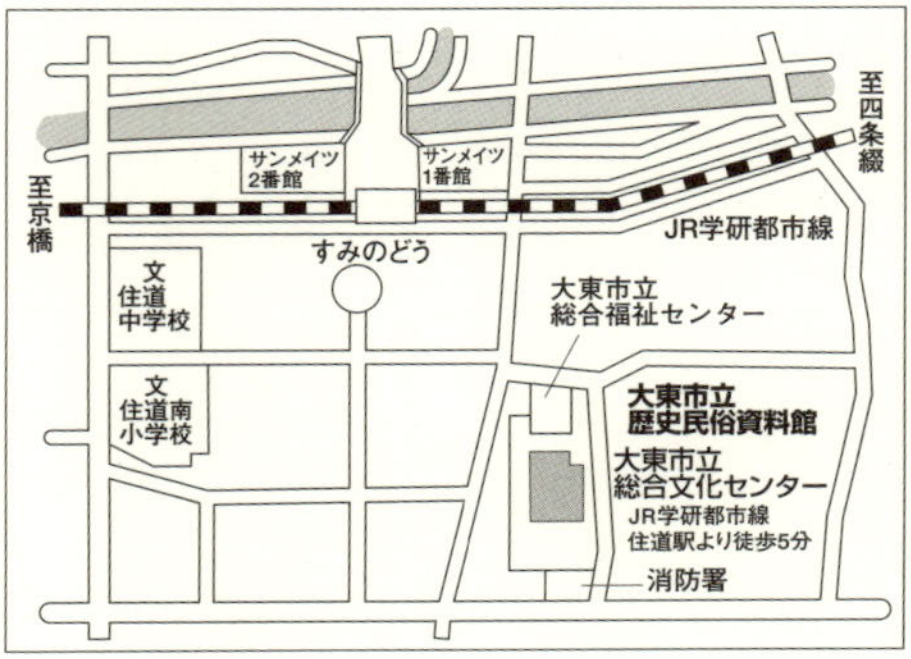

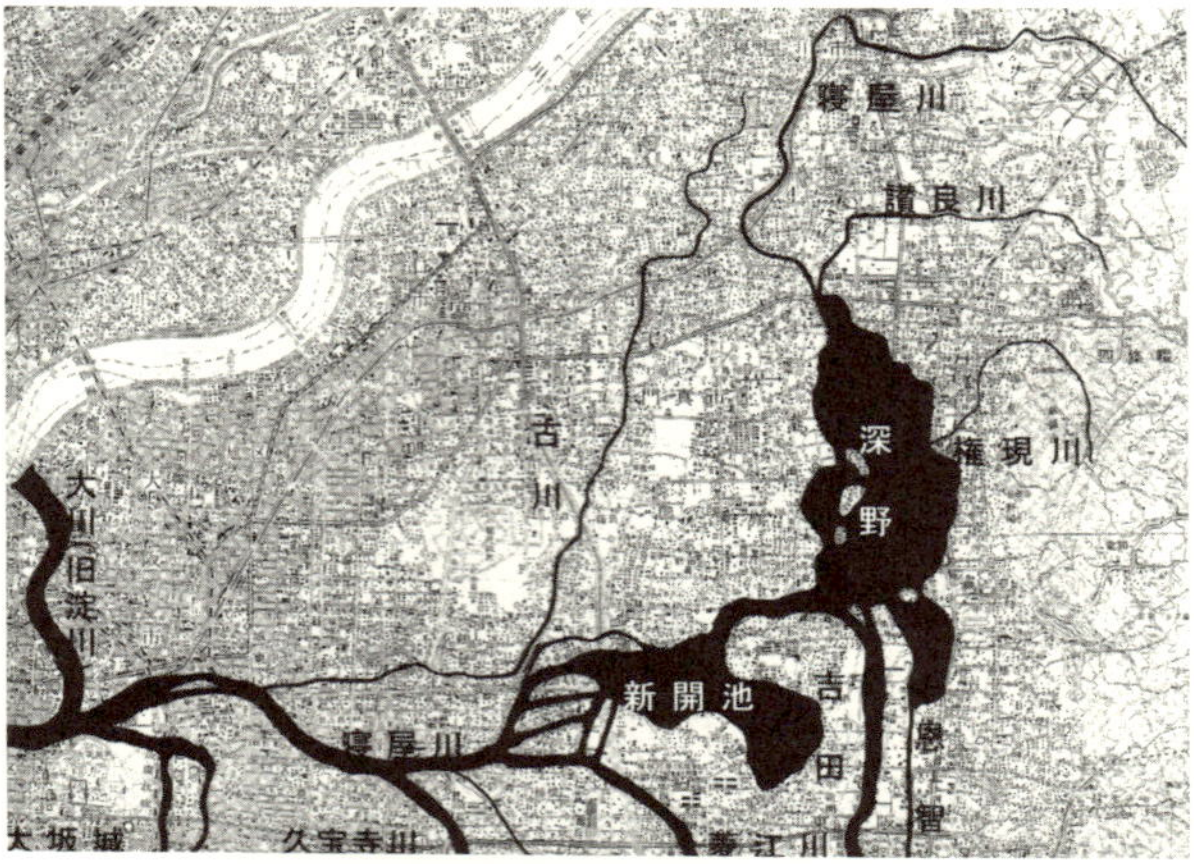

深野池と新開地
（大和川付け替え以前の河内平野の様子）

存在していたこと自体、認知されているのかどうかという疑問が湧いてきた。

昭和三一年、二町一村が合併して誕生した本市は、本年（平成一八年）で五〇周年を迎えた。大阪市の東に接し、位置的にも衛星都市として発展してきた関係上、他所からの移住者も多い。昔から住んでおられる年配の人には、池の存在は認知されているかも知れないが、他の人はどうか。ほんの少し前のことでもわからないことが多いのに、ましてや、今から三〇〇年も前の、江戸時代中期に消滅してしまった池のことなど、知らない人の方が多いのではないか。それならば、まずは池そのものの存在を知ってもらうための展示内容の方がよいのではないかということで、「大和川付け替えと深野池」（前回実施した特別展の副題と、同じタイトルになってしまったが）というテーマで、深野池の成り立ち、変遷を前面に出して、大和川付け替え後、本市域がどのように変化したのか、深野池を通して、大東の歴史やこの地域の特徴を紹介し、理解してもらえるような展示をすることにした。展示の構成は、付け替え前・付け替え・付け替え後に分けて、それぞれの時期の深野池がどのようであったかを紹介することにした。

付け替え前は、縄文海進により河内平野が海域となった状態から、次第に淡水湖へと変化していった過程を紹介した。これは、各方面でよく利用されている、梶山彦太郎・市原実両氏の研究に基づく大阪平野の変遷図をパネルにして、縄文海進以降、河内湖として残った湖が、その後どうなったのか付け替え直前までの変遷を紹介した。また、それに関連して、池のことが記されている文献資料なども紹介した。平安時代には、『枕草子』に出てくる「勿入渕（ないりそのふち）」は、この池のことを指しているとされていることや、『類聚国史』には、池で獲れる様々な産物を皇室に献上するための、「供御領」が置かれていたこと。鎌倉時代から室町時代にかけて、「広見池」の名称で呼ばれていたことが『河内水走文書』に記されており、そこでは、池の範囲が徐々に縮小しつつあることが読み取れることなどを紹介した。戦国時代では、イエズス会宣教師ルイス・フロイスの『日本史』に、三箇キリシタンや三箇サンチョとともに、池の大きさが記されていることを紹介した。

ではいつ頃、「深野池」としての、池の範囲が確定したのか。池の範囲が確定する時期を推定できる事例として、池の東側と西側で営まれていた集落が、発掘調査により発見されていることを紹介した。北新町遺跡は、池の東側に営まれていた集落で、平安末～鎌倉時代、御領遺跡は、池の西側に営まれた鎌倉時代末～室町時代初頭の集落である。特に、御領遺跡では、それ以前の遺構面は確認されておらず、集落が営まれるまでは、水はけの悪い湿地状の土地であったことが窺え、そのような条件の土地で、突如として集落が成立する感があり、これは、その頃、池の西側に確固たる堤防が築かれ、堤防より西の地に開発の手が入り、人の住めるような土地に生まれ変わったためではないか。そして、この時期が、後の深野池の範囲が、ほぼ確定した時期ではないかということを紹介した。

付け替え直前と直後の深野池については、中九兵衛氏所蔵の絵図を展示させていただいた。池の様子が写実的に描かれており、その絵図からすると、付け替え直前の深野池というのは、流れ込む土砂の堆積作用のため、池床が上がり、常時、水を湛えていたのではなく、水量が少なくなれば、すぐに干あがり、池の床が現われてしまうような、もうほとんど、池と呼べるような状態ではなかったことを改めて理解することができた。もはや、遊水池としての機能は失われ、ひとたび大雨ともなれば、水が一気に流れ込むため、すぐに、池の水位は上昇し、堤防を決壊させ、洪水の被害をもたらすという、そのような状況にあったことを紹介した。

深野池が新田開発された後、新田内には整然と井路が開削され、用排水の管理のため、主要な箇所には水量を調節する樋門が設けられていた。近年の開発で水田がなくなり、井路も埋められてしまったが、今回、現地調査をして、当時の樋門がまだ残っていることがわかった。すべて石製の樋門で、嘉永、弘化、安政などの年号が刻まれており、もとはおそらく木製であったものを、江戸時代後期に、石製の樋門に取り替えられたのであろう。これらも新田開発の遺産として紹介した。

深野池を通して、大東市域の特徴を知ってもらうということでは、縄文海進から始まり、その名残で、江戸時代中期まで池が残っていたということ。これは、本市域が河内平野の中で、最も低所にあるという事実を意味していることで、この状況は現在も変わっておらず、すなわち、現在でも北からは寝屋川、南からは恩智川が流れ込み住道で合流している。近年では二度の水害に見舞われ、寝屋川、恩智川は高い堤防で囲まれるようになった。かつて、深野池があった場所に深北緑地という遊水地ができ、寝屋川の水位が上昇して危険な状態になると、そこへ水を流すようになっている。また、寝屋川、恩智川は天井川のため、雨量が多いときなどは、多数のポンプを稼働して、川へ排水しなければならないという状況に置かれている。そういうことを展示の方では、現在の様子ということで紹介した。

## 大和川の資料紹介

本市域は直接、付け替えとは関連していないので、ここでは深野池に関する資料を紹介する。ただし、館蔵品はなく、いずれも個人蔵である。

### **中九兵衛氏蔵資料**

甚兵衛の子孫である中九兵衛氏の所蔵資料には、付け替えに関する貴重な資料が豊富にあり、これまでも、各博物館や資料館の展示において、度々紹介されてきた著名なものばかりで、また、氏自身も『改流ノート』や『甚兵衛と大和川』などの著書の中で紹介されている。その中でも特に、深野池の絵図は、本市域に深く関連するものであり、今回の企画展において、展示をさせていただいた。また、新田開発に有力商人が関わったことを示す資料として、商人河内屋五郎兵衛が幕府に対して、新田開発を請け負うことを願い出た願書や、河内屋五郎兵衛、中甚兵衛が開発権を得、その地代金を幕府に納めた請取書も展示したので、ここで簡単に紹介しておきたい。

『深野池・新開池分間絵図』（中九兵衛氏蔵）

縮尺・拾間壱歩で深野池・新開池全体を描いているもので、三箇より西側に尼崎（屋）新田〈元禄一五年（一七〇二）に尼崎又右衛門により開発〉がみられるので、付け替え直前に描かれたものである。寝屋川と恩智川の河道が池の中にも薄く描かれていること、池の所々が浅黄色で着色されていることなどから、土砂の堆積によって池床がかなり上昇し、水位の低いときなどは池床が表われていたことが窺える。池の西側は堤防を黒の実線ではっきりと描かれているのに対し、東側は細線あるいは破線で表現されている。水位の変化によって、池の範囲が変動していたためであろう（八八×一〇四センチ）。

『乍恐書付ヲ以御新田御願申上候〈河内屋五郎平→万年長十郎〉』（中九兵衛氏蔵）

宝永元年（一七〇四）一一月九日河内屋五郎兵衛から、堤奉行万年長十郎に出された新田開発請負の願書である。一一月九日といえば、付け替え工事完了直後で、付け替えの普請役所が閉鎖されてわずか二週間後のことである。吉田川筋の開発を灰塚村より吉田村までの二〇町歩を、一反当たり二両三歩二朱で、加納村から吉田村までの一〇町歩を、一反当たり金一歩二朱、総面積三〇町歩として六一二両を収めるとしている。

『請取申金子事〈万年長十郎→河内屋五郎平〉』（中九兵衛氏蔵）

開発権を落札した河内屋五郎平がその地代金を納め、万年長十郎から出された請取書である。宝永二年（一七〇五）四月の大縄検地で開発面積が四三町五反七畝と確定し、六八八両（約一億三八〇〇万円）を納めたことになっている。

『請取申金子事〈万年長十郎→中甚兵衛〉』（中九兵衛氏蔵）

同じ年号で深野川筋氷野村から諸福村までの開発権を落札した中甚兵衛が地代金を納め、万年長十郎から出された請取書である。二二二〇両（約四四〇〇万円）を納めている。

**合川家蔵資料**

また、地元の北条、合川家所蔵の深野池が描かれている貴重な絵図も展示させていただいた。

『北条・南野水論絵図』（合川家蔵）

元禄元年（一六八八）の水争い和解の裏書をもつ。当時の津の辺付近から北の、深野池東岸が描かれている。飯盛山東側の谷に発した権現川が、深野池に流れ込む所が津の辺で、河口付近は、流されてきた土砂の堆積により、池の中へ角状に砂州を発達させている様子がよくわかる。津の辺の地名の由来は、すなわち「角辺」から来たという説もある。『南游紀行』を著した貝原益軒が、当地を訪れ深野池を目にするのは、翌年の元禄二年（一六八九）のことである（一一〇×一三五センチ）。

### 常設展示を通じての大和川付け替えの学習

資料紹介で記述したように、大和川付け替えに関する館蔵品がないので、常設展では付け替えそのものを説明している展示はしていないが、平成二年特別展「近世大東の新田開発―大和川の付替えと深野池―」で作成し、展示に使用した、付け替え後に開発された各新田の位置を示したパネルを常設展示している。このパネルは、昭和三一年、本市が発行した三千分の一地形図を貼り合わせ、市内全域をカバーしたもので、新田ごとに色分けをして示してあり、来館者がこれを見るだけで、深野池の範囲や吉田川の位置が、一目でわかるようになっている。また併せて、河内木綿の説明を簡単にパネルにして、展示している。常設展示スペースが狭いため、不十分な展示となっているのは否めないが、一般の来館者や小中学校生が見学に訪れた際、常設展の説明を行なうときは、このパネルを利用して付け替えのこと、今はもうないが、かつて市域には深野池という池が存在し、新田開発が行なわれた結果、現在の大東市の原形が出来上がったということを必ず説明するように心がけている。

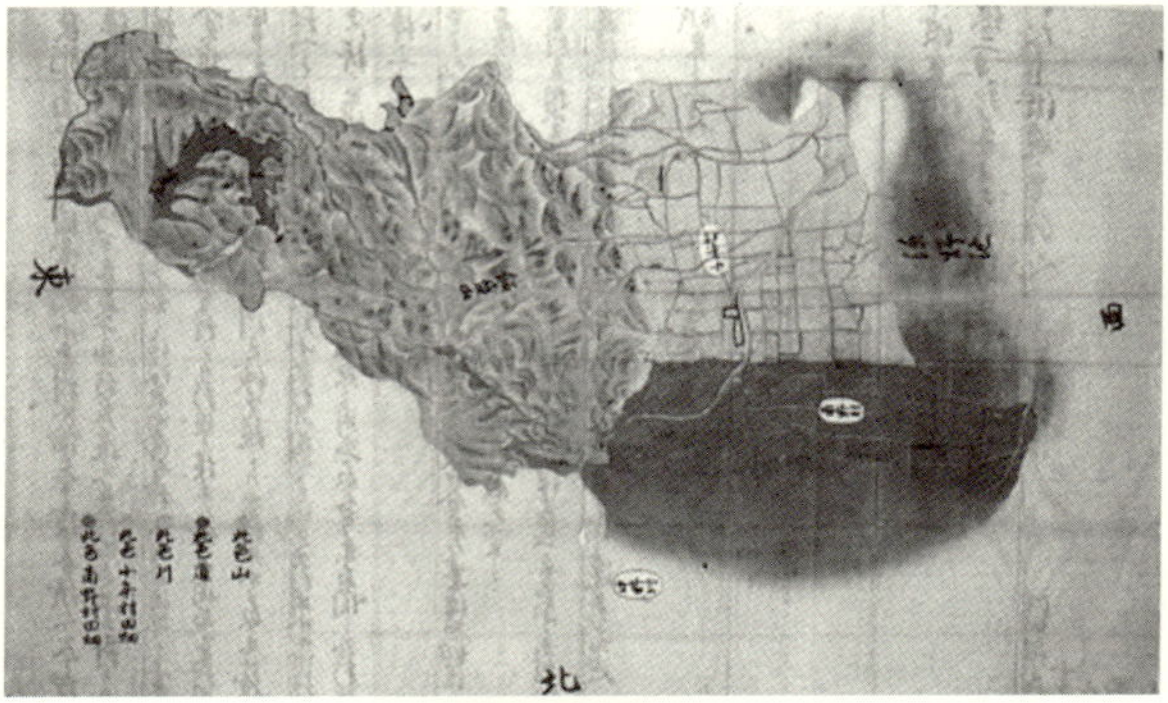

北条・南野水論絵図（合川家蔵）

### 利用案内

大東市立歴史民俗資料館は市制三十周年に建設された総合文化センター内に昭和六一年（一九八六）に開館しま

した。同じ施設内に中央図書館、文化ホール（愛称：サーティホール）、公民館がある複合施設で、市民の文化、生涯学習の場として親しまれています。

**展示内容**　常設展示「郷土（ふるさと）のあけぼのから現代へ」をテーマに市内出土の考古資料、民俗資料、古文書を展示しています。入口エントランスには、「三枚板」と呼ばれる船と水車（踏車）を展示。また、宮谷古墳群出土の横穴式石室を屋外展示しています。

企画展　年一回（八月頃）開催。

主な展示物として、考古資料では、市指定文化財に指定されている、北新町遺跡出土木製戸口装置一式（古墳時代中期）があります。扉だけでなく、敷居、鴨居、方立の各部材も同時に出土したもので、当時の戸口の構造がわかる大変貴重なものです。このほか、堂山古墳群から出土した鉄刀、鉄剣を復元したものをレプリカと合せて展示しています。民俗資料では、昔の農機具を中心に田植えから収穫までに使用する道具をその手順に展示しています。また、それに関連して、水との関わりで、揚水の道具として、竜骨車、踏み車などを展示しています。先に紹介した三枚板と呼ばれる船と踏み車は、職人の方に実際に材料から入手し、当時の道具を使用して作成してもらった貴重なものです。

開館時間　午前九時〇〇分～午後五時三十分

観覧料　無料

休館日　月曜日（祝・休日の場合は開館）、祝日の翌日（土・日の場合は開館）、年末年始

交通　ＪＲ学研都市線（片町線）住道駅下車徒歩五分

所在地　大阪府大東市新町一三—三〇

電　話　〇七二―八七三―三五二一
ＦＡＸ　〇七二―八七三―〇一一九
ホームページ　http://www.city.daito.osaka.jp/sec/kyoiku/rekishi/index.htm

**学校・団体の利用案内**　問い合わせ先　歴史民俗資料館　電話　〇七二―八七三―三五二一

団体、グループでの来館には、事前にご連絡をいただければ助かります。ご連絡は電話で結構です。依頼をいただければ、展示説明を承ります。時間は大体一時間以内です。

小・中学校の利用については、学年単位、学級単位あるいはグループに分かれての見学などは事前にご連絡ください。必要であれば、展示説明、質問などにお答えします。

（予約状況や学芸員との日程調整により、ご希望に添えない場合もありますので、ご了承ください。）

（黒田　淳）

# 大阪歴史博物館

## 「大和川の付け替えと江戸時代の大阪」

現在の大阪市域は、新旧大和川の両方の河口部があり、付け替えの影響という点では市内各地域においてさまざまな側面を有している。旧大和川流域では、河内平野で幾本にも分かれていた川が再び合流し、淀川（大川）と合流して大阪湾に注ぎ込んでいる。一方、新大和川流域では、従来は一続きだった場所が川によって分断され、河口部では付け替え後に新田が開発された。また、付け替え工事に際しては大都市・大坂の人や物資が動員されたであろうし、付け替え後の新田開発では大坂の商人たちが重要な役割を果たした。その面でも大坂は大和川の付け替えと深く関わっている。

当館では、平成一六年一〇月二七日（水）から同一一月二三日（火）にかけて特集展示「大和川の付け替えと江戸時代の大阪」を開催した。この展示では、大和川や付け替えに関する館蔵資料を紹介することに主眼を置きつつ、付け替え前の状況、付け替え工事の様子、付け替えによる大阪市域での影響、に分けて展示をおこなった。

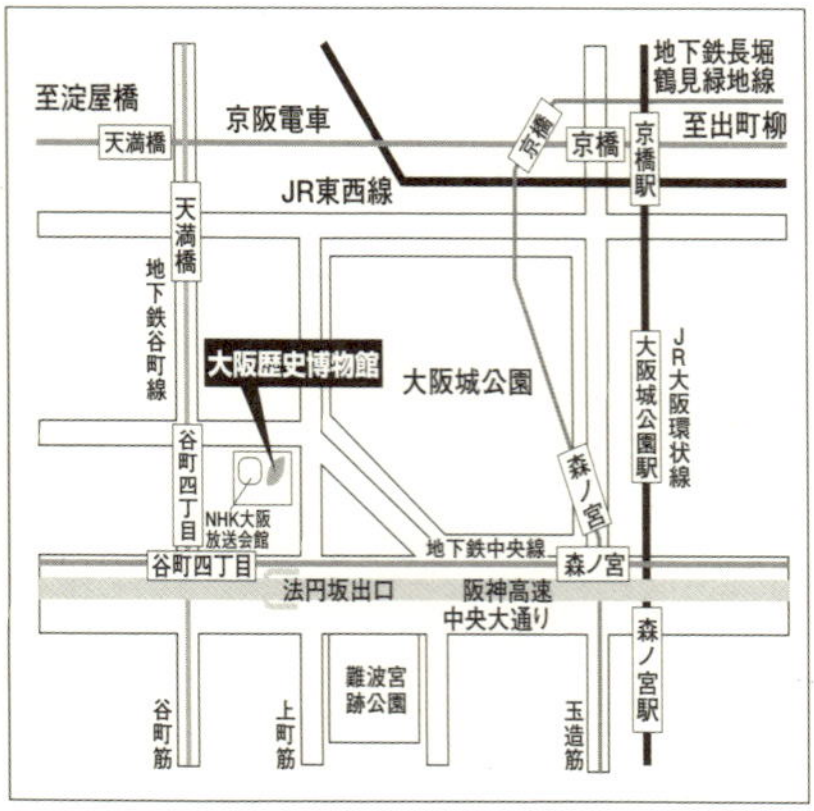

「付け替え前」のコーナーでは、付け替え以前の摂津・河内の河川の状況を示す絵図や淀川と旧大和川の合流点に位置する京橋の擬宝珠などを展示した。それらにより、新旧大和川の流路と、大坂の位置関係を示した。「付け替え工事」のコーナーでは、工事を知らせる一枚刷りや新大和川の堤の高さを示した絵図、新大和川の河川敷から見つかった瓜破遺跡や堤防の断面を調査した（平野区川辺）時の写真などを展示した。それらにより、工事の具体的な内容と新大和川が新たに掘り下げてできた川ではなく、堤防を築いただけの川であることが理解されたと思う。「付け替えの影響」のコーナーでは、新大和川によって井路や池が分断された桑津村（現在の東住吉区）の様子を記した古文書や長原村（現在の平野区）の絵図、付け替えによって新たに新大和川と木津川を結ぶために開削された舟運（新剣先船）の経路となった十三間川に関する資料を展示した。それらにより、新大和川の北岸にあたる現在の大阪市南部では従来の狭山池からの用水が分断されるという大きな影響を受け、また河口部では新たな川の開削や新田の開発が行なわれ景観が一新したことを示した。これらの展示によって、大和川付け替えの事実を示すとともに、大阪市域においてもその影響の大きさを観覧者に理解していただけたと思う。

常設展示では、とくに大和川や付け替えについてのコーナーはないが、大坂市中の川や堀についての展示や京橋擬宝珠や関連する館蔵資料を随時展示している。

＊「大坂」は近世都市としての「大坂」を指し、「大阪」は現在の大阪市域のことを指す場合に用いた。

## 大和川の資料紹介

**河内堺新川絵図**（大阪歴史博物館蔵）

元禄一七年（宝永元年＝一七〇四）三月、大坂高麗橋一丁目野村長兵衛が発行した一枚刷り。二月二七日に「新川」つまり大和川付け替え工事が始まったことを知らせる絵図である。大和川の付け替えは大坂の都市民や周辺の農民たちにとって注目の的であったことがわかる。

**新大和川筋高井田村堤頭大和橋下海表迄堤高下水盛絵図**（大阪歴史博物館蔵）

享保三年（一七一八）に作成されたもの。大和川上流の高井田村（現在の柏原市）から新大和川河口までの堤の上部の高さと水位を図示した絵図である。享保元年（一七一六）に新大和川では大洪水が起こっており、その後の状況を記録したものと考えられる。

**桑津村文書**（大阪歴史博物館蔵）

桑津村（現在の東住吉区桑津）は、狭山池から流れ出る西除川下流の天道川の水を用水に用いていたが、大和川の付け替えで大きな影響を受けている様子がうかがえる古文書が含まれている。元禄一一年（一六九八）の文書では、天道川がよく増水し洪水になるので、悪水を抜く新たな井路が必要であると訴えている。しかし、付け替え工事期間中の宝永元年八月の文書では、工事によって天道川の水の流れがなくなったので「日損場」になってしまったと訴えており、元禄一一年の文書と好対照をなしている（詳しくは、八木滋「【史料紹介】桑津村文書」『大阪歴史博物館研究紀要』四、平成一七年一〇月、を参照されたい）。

**利用案内**

開館時間　九時三〇分～一七時（ただし、金曜日は九時三〇分～二〇時）
　入館は閉館の三〇分前まで

観覧料　〔常設展〕大人六〇〇円（五四〇円）、高大生四〇〇円（三六〇円）、
　中学生以下無料　（　）内は二〇名以上の団体料金、特別展は別途料金が必要

休館日　火曜日（祝日の場合はその翌日）、年末年始（一二月二八日～一月四日）
交通　大阪市営地下鉄谷町線・中央線「谷町四丁目駅」⑨番出口前
　大阪市営バス「馬場町」バス停前
所在地　大阪市中央区大手前四—一—三二
電話　〇六—六九四六—五七二八
FAX　〇六—六九四六—二六六二
ホームページ　http://www.mus-his.city.osaka.jp

（八木　滋）

# 大阪府立狭山池博物館

## 「近世を拓いた土木技術」展と大和川の付け替え

大阪府立狭山池博物館の常設展示では、狭山池の歴史を物語る土木遺産を活用して、治水・灌漑の歴史と、これに深くかかわる土地開発の歴史を紹介している。平成一三年（二〇〇一）の開館から五年間、常設展示の内容を補完して各時代における土木技術についての特別展示を行なってきた。平成一六年度は「近世を拓いた土木技術」と題して、近世の土木技術に関する展示を開催した。

近世の狭山池にとって、慶長一三年（一六〇八）、片桐且元による大規模な改修工事が最大規模の工事であった。この工事によって近世における狭山池用水の灌漑範囲は拡大し、現在の大阪市内まで及んだ。その後も洪水による堤防破損と修理がくり返しされた。また、近世には開発が進むにつれて技術も進歩し、それにともなって技術書が作成され、普及していった。

特別展では近世の狭山池改修工事や近世の土木技術の進歩を展示のテーマとし、「片桐且元と慶長の狭山池改

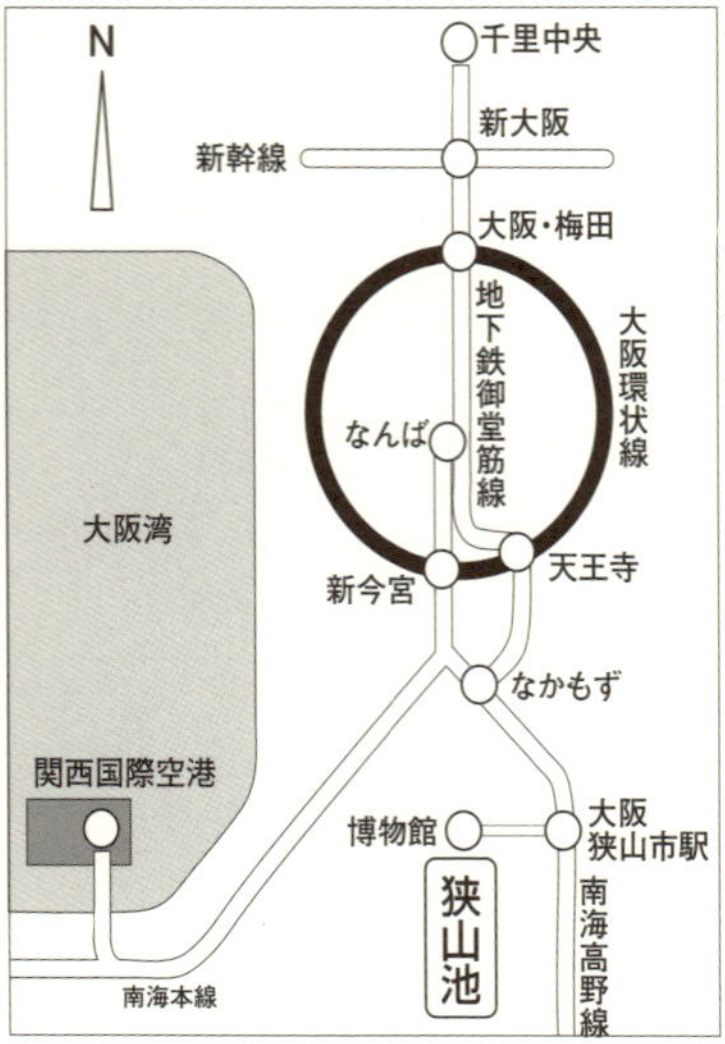

修」・「小堀遠州と元和の狭山池改修」・「角倉了以と河川開削」・「河村瑞賢から大和川付替えへ」・「近世の土木技術」という構成での展示を行なった。

大和川の付け替えは、近世の畿内における最大の土木工事で、摂河泉の治水・利水に非常に大きな影響を及ぼした。当館ではこの展示において、治水と土木技術、および大和川付け替えの狭山池用水への影響に焦点を絞り、「河村瑞賢の安治川・堀江川の開削」・「大和川の付替え」・「大和川付替え後の狭山池用水」の三項目について展示した。

「河村瑞賢の安治川・堀江川の開削」では、幕府の治水政策の一環として行なわれた畿内巡見と、それに同行した土木巧者河村瑞賢の行なった工事を取り上げた。この畿内巡見は、新井白石がまとめた「畿内治河記」によって行程が知られるが、幕府は治水状況だけではなく山間部もくまなく見分し、治山を含めた治水を目指していた様子がうかがえる。また、同時期の大坂市中の絵図などから、河村瑞賢による安治川開削・堀江川開削による変化をたどった。

「大和川の付替え」では大和川の流路の変化や上流の開発にともなう天井川化、付け替え運動と実際の付け替え工事を取り上げた。大和川の付け替えにいたる原因は、大和川の急速な土砂堆積にあった。寛永三年（一六二六）から延宝三年（一六七五）までの間に川底に堆積した土砂の量を記した中家所蔵の絵図から、五〇年間で急激に土砂堆積がおこり、大和川が天井川化したことを模式図などで示した。

中家文書の「新川筋水盛之覚」・「新川地形高下之事」はともに地形の勾配と新川の予定勾配を記したものである。このような勾配を調査した資料から、自然地形を利用した流路決定がなされ、新流路には盛土の部分と掘削が必要な部分とがあったことなどを概観した。また新川と北流する中小河川との合流も問題となった。西除川では川床の高さを新川と合わせるために合流点を西北側に移す付け替え工事が行なわれた。このような工事の具体的な内容をパネルで示して展示した。

また、実際の新大和川の堤防はどのような構造であったか、発掘調査のデータをもとに五〇分一の模型を作成した。付け替えられた当初の新大和川は現在にくらべて規模が小さかったこと、堤防を護るための水制が多く設けられていたことなどを、実際に発掘で出土した杭とともに展示で示した。

「大和川付替えと狭山池用水」では大和川付け替えによって池床が半減した依網池を中心に、大和川付け替えが狭山池用水に与えた影響を取り上げた。依網池は狭山池と同じく、『古事記』・『日本書紀』にも記事がみられる池である。池の形状は狭山池とは異なって、面積は近世初期には狭山池よりも広かったものの、水位は浅く、池の周辺は湿地のような状態であった。後世、その様子を描いた「依網池往古之図」によると、依網池の水深は浅かったことがわかる。依網池は狭山池の水を受けて貯水する子池としての機能を持っていた。大和川の新流路が依網池の中央を通ったために依網池はその三分の二を失い、灌漑機能も低下した。付け替えから四五年を経た寛延元年（一七四八）八月、狭山池用水から離水した事情を調査したところ、新大和川以北の村々は一様に、宝永元年の大和川付け替えによって離水したという口上書を提出している。離水した村は、大和川以北の村のほかに、大和川の川床となって田地が減少した村である。絵図や古文書中心に、付け替えが狭山池用水網に与えた影響について展示した。

大和川の資料紹介

**大和川堤防断面模型**　一基

新大和川の堤防はこれまで何度か断面の発掘調査が行なわれている。狭山池博物館では特別展で大和川付け替えを取り上げるにあたって、藤井寺市の小山平塚遺跡で行なわれた発掘調査の成果をもとに、堤防の構造がわかる模型を縮尺五〇分一で作成した。

築造当初の大和川の堤防は、現在の堤防よりずいぶん小規模であった。小山平塚遺跡の堤防は現在は八・三メートルであるのに対し、当初は四・八メートルであった。その後数回の盛土が行なわれている。堤防の盛土に使われたのは砂が中心で、近くの落堀川を掘削したときに出た砂が使用されたものと考えられる。模型では築造時の堤防の高さと現在の堤防の高さの違いがわかるように、当初の堤防を前に張り出させた。

また、堤防の内側から川の中心に向かって川底に多くの松杭が打ち込まれていた。この杭列は「杭出し」と呼ばれる水制施設で、堤防にあたる水の勢いを弱める役割を果たすものであった。これらも発掘調査で確認された状態をそのまま模型で復元した。

大和川堤防断面模型

**狭山池用水離水口上書**　一六通　池守田中家文書（当館寄託）

寛延元年（一七四八）の狭山池改修工事に際して、慶長年間に狭山池用水を利用していた村々に対して離水した事情を調査したときの、村々からの返答書。早くから離水していた村も、大和川付け替えによって離水したと返答している。また、新大和川の川床となった村はその事情を離水の理由に挙げている。

## 利用案内

大阪府立狭山池博物館は、狭山池のダム化工事である「平成の大改修」をきっかけとして行なわれた文化財調査の成果をもとに、堤をはじめとする狭山池の貴重な土木遺産を未来に継承する施設として、平成一三年（二〇〇一）に、狭山池脇に開館した。博物館ではこのような土木遺産を活用して、「治水」と「かんがい」の歴史と、これに深くかかわる土地開発の歴史を紹介している。

常設展示は「狭山池への招待」、「狭山池の誕生」、「古代の土地開発と狭山池」、「中世の土地開発と狭山池」、「近世の土地開発と狭山池」、「明治・大正・昭和の改修」、「平成の改修」の七つのゾーンで狭山池を中心に土地開発の歴史を展示している。そのほか、どぼくランドでは世界や日本の土木遺産について、また情報コーナーでは大阪狭山市出身の考古学者で狭山池の調査に尽力した末永雅雄氏に関する資料を展示している。

大和川付け替えについては、「近世の土地開発と狭山池」のコーナーで、狭山池の灌漑範囲をあらわす模型によって展示している。狭山池の水は、近世の初期には平野郷（現在の大阪市平野区）あたりまでの田地を灌漑していたが、遠方の村は次第に水掛かりから抜けていき、大和川の付け替えによって大きく狭山池からの水路が分断されたため灌漑範囲が大幅に減少した。新大和川以北に水が届かなくなるのはもちろん、新大和川の川床となった村は農地が大きく減少したため、自村のため池などの灌漑施設だけで十分に灌漑が可能となって狭山池用水を必要としなくなったためである。そのような時代による変化を、展示している。

常設展示
特別展　年一回

寄託古文書展など　年一回
開館時間　午前一〇時～午後五時（入館は午後四時三〇分まで）
観覧料　無料
休館日　月曜日（祝・休日の場合は翌日休館）
交通　南海電鉄なんば駅より高野線にて大阪狭山市駅下車、西へ徒歩一〇分
　駐車場は大型バス、身体障害者などの専用となっております。自家用車でのご来館はご遠慮ください。
所在地　大阪府大阪狭山市池尻中二丁目
電　話　〇七二―三六七―八八九一
ＦＡＸ　〇七二―三六七―八八九二
ホームページ　http://www.sayamaikehaku.osakasayama.osaka.jp/

**団体の利用案内**　お問い合わせは、狭山池博物館まで。
団体・グループでのご来館には、事前にご予約をお願いします。直接ご来館の際にお申し込みいただいても、電話でも結構です。大型バスでのご来館には、館周辺の道路通行に手続きが必要ですので、必ずその旨をお申し出ください。ご希望の団体の方にはご説明・ご案内もうけたまわります。解説は約一時間です。
**小・中学校の利用**　グループに分かれてのご見学、個人での調べ物、博物館からの出前授業など、お気軽にご相談ください。
館内モニターで提供している映像は、情報コーナーのブースで、ＶＴＲまたはＤＶＤで御覧いただけます。また、

各番組（四〜六分）のＶＴＲを、三週間をめどに貸し出しいたしております。見学の前後の学習にお役立てください。ご希望の方はお申し出ください。

学校でご利用いただく場合の手引きとして「狭山池博物館たんけん」という冊子を作成しております。学習の必要に応じてご利用ください。

（吉川邦子）

# 松原市民ふるさとぴあプラザ

## 企画展「大和川付け替えと松原」について

松原市域の北部を西に流れる大和川、この川は宝永元年（一七〇四）に人々の手によって現在の流路に変更された。大和川が付け替えられて三〇〇年目にあたる平成十六年、大和川水系ミュージアムネットワーク参加館として、松原市民ふるさとぴあプラザ（以下ぴあプラザ）において企画展「大和川付け替えと松原」を一一月一八日から一二月一四日までの約一か月間開催した。この展示を開催するにあたって、松原地域にとって大和川付け替えがもたらした影響とはどのようなものかを改めて考えたところ、どうしても新川筋の村むらで田畑が川底になって苦労したという今まで伝えられてきたイメージが先行した。そこでこれらのイメージをふまえた上で、松原市に残されている資料の中で大和川関連のものを抽出し、そこから松原地域に与えた大和川付け替えの影響を考えて展示を行なった。松原と大和川付け替えに関しては、これまでにも『松原市史』などに取り上げられているほ

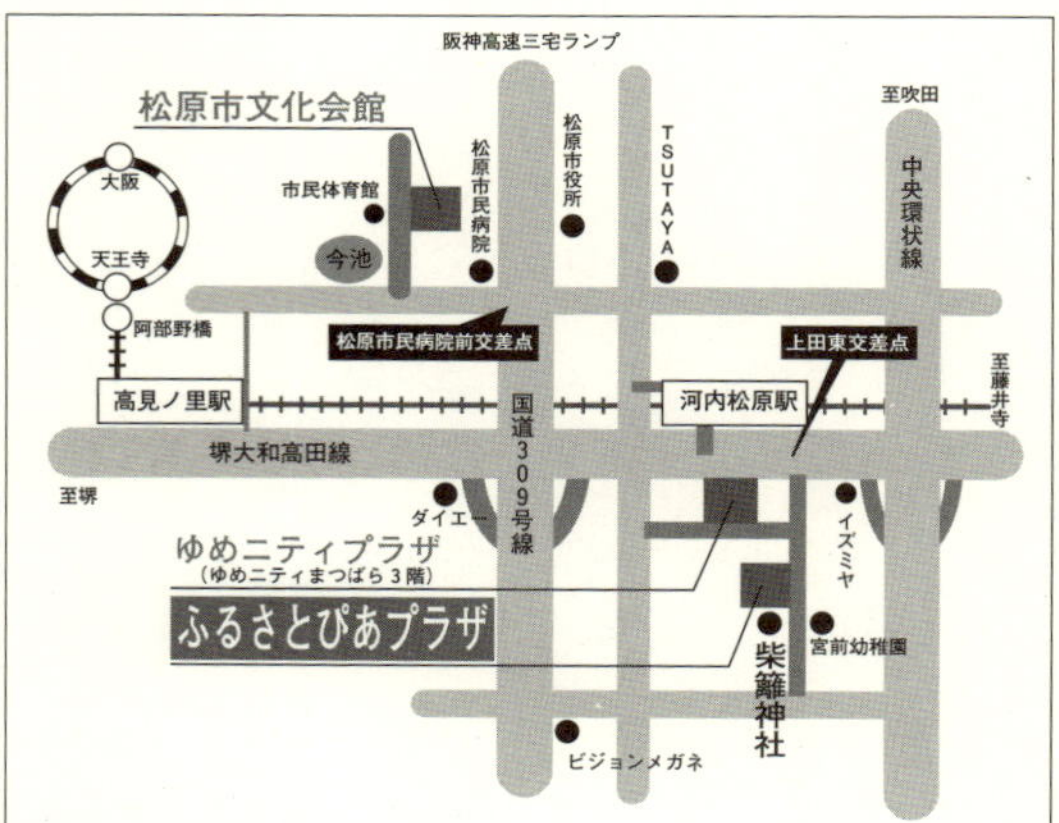

か、ぴあプラザでは平成六年度に特別展「絵図から見た大和川の付け替え展」を開催しており、そのパンフレットでも大和川付け替えについて絵図を中心に紹介している。その時の展示では大和川付け替え全体についての資料が展示され、また中家資料も数多く展示された。今回の展示をするにあたって、これまで紹介されてきた資料の中でも松原と大和川の関係をよく示しているものや、今回再調査した資料の中にも松原と大和川の関係をよく示している古文書や絵図など、松原地域に残る資料で大和川付け替えの様子を示すものを取り上げた。それらを紹介することで松原と大和川付け替えの歴史は勿論、これまで知られていなかった一面も大和川付け替えのイメージに持っていただけるのではないかと考えて展示を行なった。ここではその時の展示について紹介していきたい。

今回の「大和川付け替えと松原」の展示は、「付け替え運動と付け替え反対運動」・「大和川付け替え工事」・「付け替え当時の村の様子」・「大和川付け替えによる潰れ地」・「大和川付け替えと新田開発」・「新剣先船の就航」という構成で行なった。

「付け替え運動と付け替え反対運動」「大和川付け替え工事」の項目では、松原地域が新川筋にあたるため付け替えに反対しているが、現在の市域にあたる村々すべてが反対した訳ではない。特に現在の市域北部にあたる村々を中心に反対運動に参加する村があり、松原を含む付け替えが予定された地域では、付け替え反対運動が盛んに行なわれた。大きな付け替え反対運動としては、延宝四年（一六七六）・天和三年（一六八三）・元禄一六年（一七〇三）の三回があげられる。このうち延宝四年と元禄一六年の付け替え反対運動には、その訴状に現在の松原市域である村々も署名している。延宝四年には三宅・油上・城連寺・芝・若林・別所の六か村が、元禄一六年には若林・城連寺・芝・油上の四か村が署名している。付け替え反対の訴状には、その時に付け替えられると予想された地域が署名しているため、延宝と元禄ではその村数もかわる。このように新川筋であるかないかによって、各村の対応に温度差があった。また、付け替えが行なわれた年、宝永元年（一七〇四）の正月には、付け替え反対の訴訟のために江戸へ向かった村役人の名簿が残されており、その中には城連寺村と油上村の庄屋の名前も記載されている。ただし、城連寺村の庄屋は病気のため、油上村の庄屋は御用のためそれぞれ途中で帰村している。しかし、この付け替え反対の訴訟に向かうときには、幕府はすでに前年の一〇月に付け替えを決定していた。

「付け替え当時の村の様子」では、城連寺村（現天美北付近）の様子を書き記した「城連寺村記録」から大和川付け替え関係の内容を紹介した。その記載には元禄一六年（一七〇三）四月に若年寄稲垣対馬守重富・目附西尾織部・勘定奉行荻原近江守重秀らが長崎へ行く途中で、大坂へ立ち寄ったことで大和川付け替えの風説が流れ、新川筋になると予想されていた村むらでは、昼夜相談が行なわれたことなどの記載や川違えの風説により昼夜評定が行なわれ、悲しみ歎きゆっくりと休む者一人もなく、宝永元年の正月は心苦しく初春を祝うものもいない。昼夜の騒動今までになく、筆紙に尽くしがたいなどと記載されており、当時の逼迫した様子を紹介した。

「大和川付け替えによる潰れ地」では松原市域の北側に位置する旧村の絵図を展示し、松原北部を通る大和川を視覚的にとらえていただくようにした。ただ、展示スペースの関係上、潰れ地のある村の絵図すべてを展示することが出来ないので、全体像は略図をパネルにし、特に潰れ地の多い若林村と城連寺村の絵図を中心に展示を行なった。若林村絵図は大和川付け替えによって村が南北に分断された様子がよくわかり、城連寺村絵図は延宝七年と享保

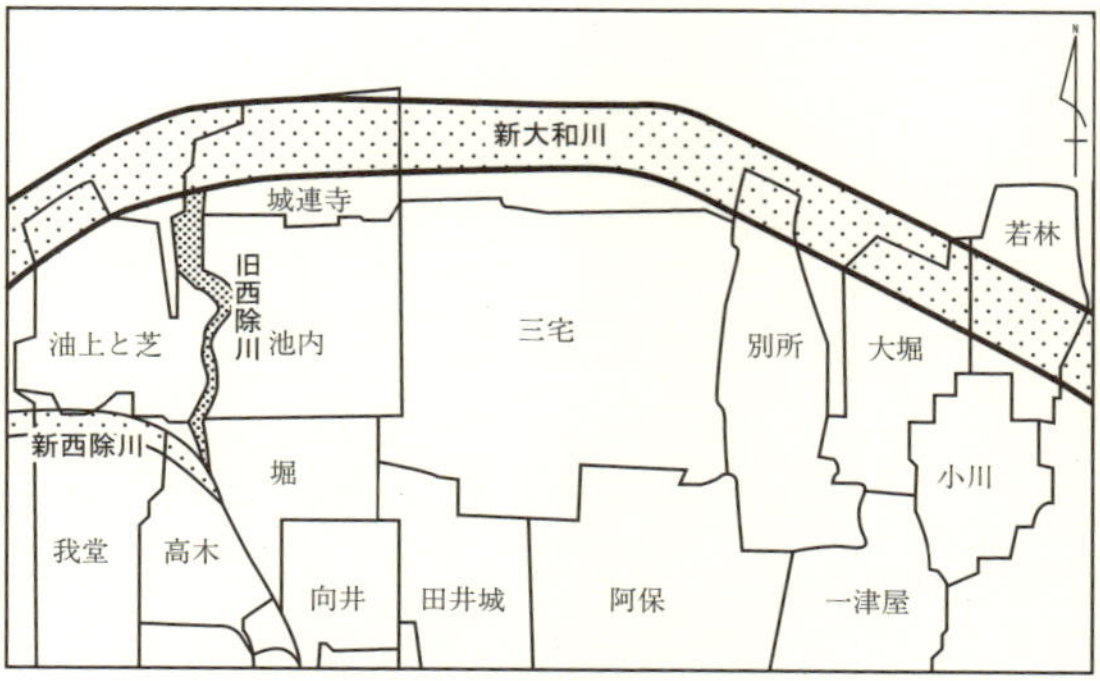


潰れ地図

一四年の付け替えの前と後の絵図を横並びに配置し、村がどのように変化したのかをみていただけるようにした。

「大和川付け替えと新田開発」では西除川の旧川筋を開発した富田新田関係の資料として富田新田開発後はじめての検地である宝永五年の検地帳などを展示した。松原で大和川付け替えを語るときには、この西除川の付け替えも忘れてはならない。この西除川は狭山池の西の除口と西樋からの流水からなり、松原市西部をとおって平野川へ合流していたが、大和川付け替えによって松原市北新町四丁目・天美南五丁目の高木橋付近で西に流路が変更され、堺市の浅香谷で新大和川に流れ込むようになった。現在も高木橋の上に立って北側を見ると西除川が西へカーブしていくところがよくわかる。現松原市域にあたる地域では、このような川跡を利用した新田以外に付け替えの影響で灌漑する田地がなくなった溜池や狭山池の水利からはずれた溜池が新田に開発された。三宅村の野中池を開発した未改新田や寺ヶ池の開発などがそれにあたる。また、現堺市域にあたる南島新田や弥三次郎新田は現松原市域にあたる油上村の土橋弥五郎が新田の開発に関与しており、松原地域だけでなく他地域にも進出していたことがわかる。

「新剣先船の就航」では剣先船の通行に関するものや船賃の値上げについての歎願書のほか、村明細帳に記載された剣先船の役割や航路について展示した。この船運は、元々旧大和川の剣先船によるもので、新川筋が付けられた松原地域においても剣先船を利用した船運が行なわれ、阿麻美許曽神社北側の「天岸（あまぎし）」というところには、剣先船の船着場があった。剣先船の主な荷物としては、年貢米や肥料で、大坂へは年貢米を、河内や大和へは肥料を運んでいた。松原地域の年貢米も剣先船によって大坂へ運ばれたことが、数か村の村明細帳に記載されている。明和九年（一七七二）の「更池村明細帳」には年貢米を「あまぎし」まで二〇丁（約二・二キロ）の道のりを運び、剣先船で大坂川口難波橋まで積み下り、積替問屋の手で上荷茶船へ積み替え、蔵屋敷の門前へ着いたことが記されている。このほかにも城連寺や三宅、別所の明細帳にも年貢米を剣先船で運んだことを記載している。
このように新田開発や新剣先船就航は、大和川の付け替えが松原地域にもたらしたものとして、付け替えによって田地が潰されただけではないことを物語っている。これから大和川付け替えを考えるときには、付け替えによって田畑が川底になって潰れたというだけではなく、新たな事業が展開されていったことも大和川付け替えの一面としてとらえていただきたい。

大和川の資料紹介

**城連寺村絵図**（長谷川正禮氏蔵）

享保一四年（一七二九）に作成された絵図で、城連寺村のどの位置に付け替えられた大和川が通っていたかよくわかる。この絵図には裏書があり、宝永元年に大和川が付け替えられて田地が川床になったため、現在の形を記したとある。また、この絵図の大きさが同村の延宝検地絵図とほぼ同じ大きさなので両者を横並びに比べると同村の潰れ地がよくわかる。

**城連寺村記録乾・坤**（長谷川正禮氏蔵）

「城連寺村記録」は城連寺村に関連した記録を記したもので、乾・坤の二冊がある。その内容には大和川関連の記事も多く、付け替え前から付け替え後の経緯まで記されているので、この古文書からも付け替え先の村として非常に高い関心を持っていたことがわかる。

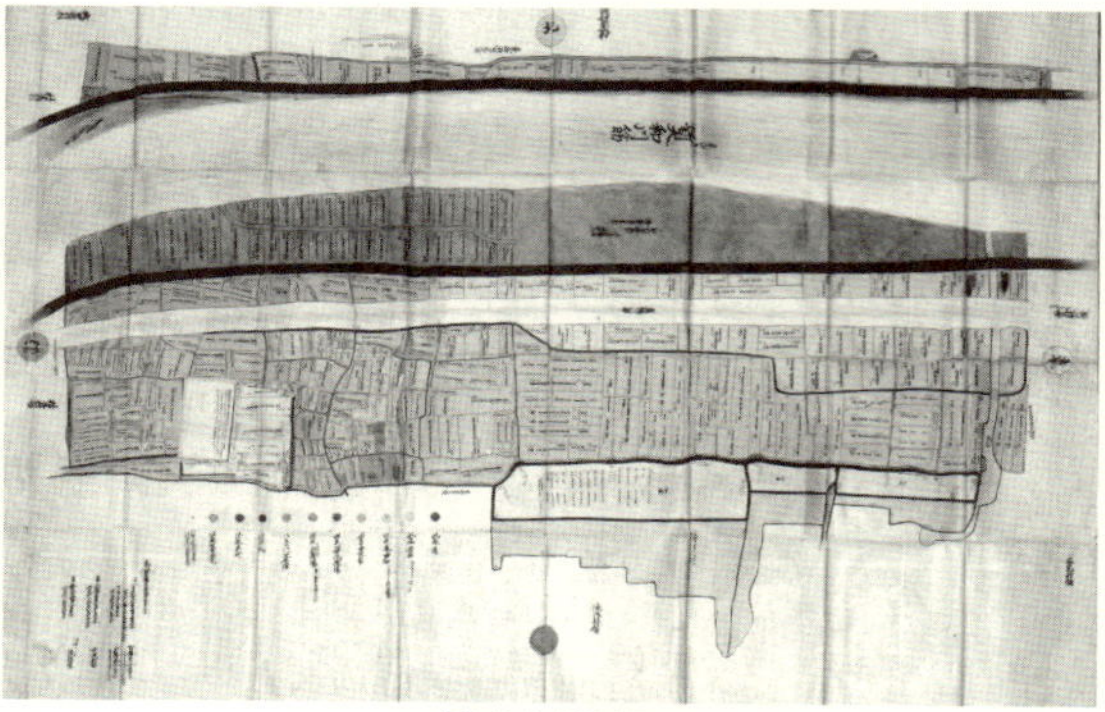
城連寺村絵図

## 常設展示と大和川付け替え

現在の常設展示は、「松原と稲作」をテーマに「稲が入ってくる前の生活」「稲作伝来」「荘園の時代」「検地と稲作」の各項目に分けて時代別の展示を行なっている。「稲作伝来」の項目では発掘調査で出土した弥生時代の水田面や穀物などを貯蔵する壺や煮炊きに使用する甕などを展示し、「検地と稲作」の項目では延宝検地帳や木綿関連の古文書などを展示している。また、市内にある民家の土間部分を再現し、その内部に生活道具や稲作関連の農機具を展示しており、市内の小学校三年生の社会科で松原の昔の生活を学習する際に利用いただいている。

これら常設展示の中で大和川付け替えに関する展示としては、「検地と稲作」の項目において行なっており、展示資料は原資料として付け替え地点から堺までの引取樋について記された絵図のみで、その他に大和川付け替えの解説パネルと新旧大和川の川筋を示した「大和川付替要図（パネル）」を展示している。小学校三年生の見学の際には、四年生で学習することにふれ、簡単な解説を行なっている。

## 利用案内

松原市民ふるさとぴあプラザは、郷土資料館・市民ギャラリー・情報ライブラリーなどからなる複合施設であり、郷土資料館は先人が残した文化遺産を収集・保存・展示・調査研究してその活用を図り、歴史文化の学習情報や資料・情報の提供を行なっている。また、市民ギャラリーによるふれあいの場、情報ライブラリーによる図書情報・文化情報の場を通じて郷土愛を育む教育文化の拠点として平成五年一一月に開館した。ここでは本書籍の性格上、郷土資料館の施設紹介のみとし、市民ギャラリー・特別展示室・会議室などについては財団法人松原市文化情報振興事業団のホームページを、情報ライブラリー（図書館）については松原市のホームページをご覧いただきたい。

常設展示　「松原と稲作」
企画展示　年間二〜三回程度開催
特別展示　年間一回開催
開館時間　午前九時〜午後五時
観覧料　無料
休館日　月曜日（ただし、月曜日が祝・休日の場合は開館）
交　通　近鉄南大阪線河内松原駅下車南へ徒歩八分
所在地　大阪府松原市上田七丁目一一番一九号
電　話　〇七二—三三六—六八〇〇
ＦＡＸ　〇七二—三三六—四八七七
ホームページ　http://www1.odn.ne.jp/matsubara-yumeta/

（西田敬之）

# 堺市博物館

## 「堺と新大和川」（平成一六年度企画展）

堺市博物館において平成一六年一二月四日から平成一七年一月三〇日まで「堺と新大和川」と題した企画展を実施した。従来、堺と大和川との関係は、付け替えによって堺の港が埋まり、その結果、堺の町が衰退したという通説で語られてきた。今回の企画展は付け替え三〇〇年を機に、堺にとって大和川付け替えがマイナスであったという通説を見直すことを出発点にした。

付け替えが堺にとってマイナスといわれた事象を考えていくと、新大和川の氾濫で洪水が多発したこと、土砂堆積で堺の港が埋没したこと、住吉・堺地域という中世以来一体だった地域が大和川によって地理的に分断されたことが代表的なものである。これらの事象は、水害にさいして被災者を救済したことを示す文書、港湾絵図、付け替え後に製作された地域図などから明らかにすることができる。

一方でプラスと考えられる事象としては、新田開発、臨海部の新地開発、それから大和川によって大坂との関係

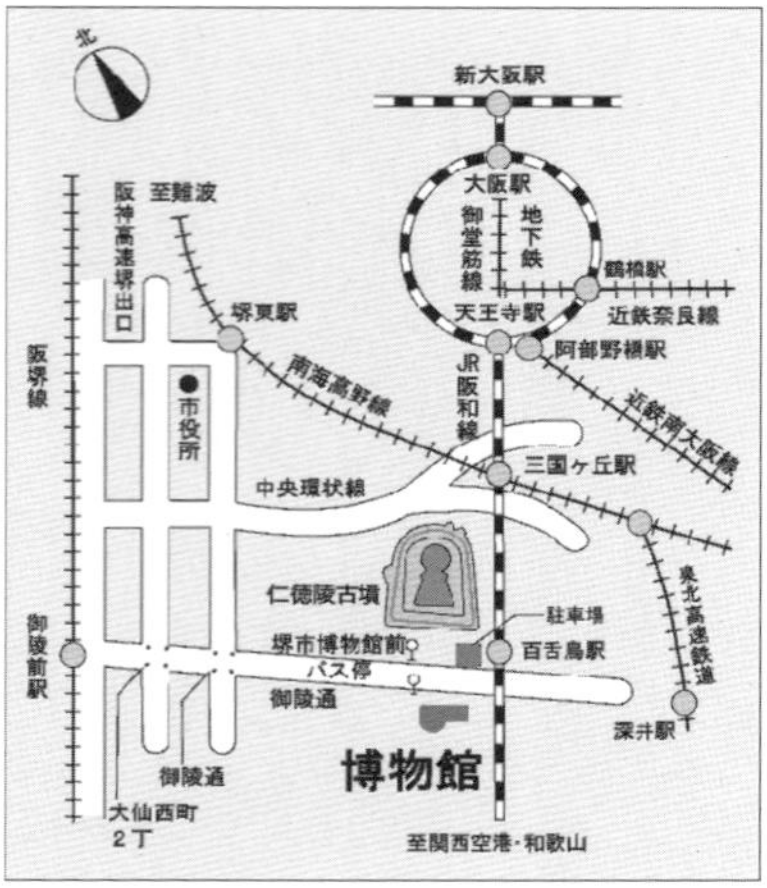

が分断されたために、和泉国一国での経済圏と文化圏が形成されたようなことなどがあげられる。マイナスの視点が強調されて語られてきた堺と新大和川の三〇〇年をプラスの視点で検証することを展示の狙いとした。

大和川付け替えとの関連が見過ごされがちであった新田開発などの歴史的事象を、大和川付け替え以後の地域の歴史として捉えなおし、「大和川がやって来た」、「新大和川の支配」、「堺と大坂をつないだ大和橋」、「新大和川が生んだ新田と新地」、「新大和川が分断した地域」の五つの展示構成とした。「大和川がやって来た」では、堺浦眺望図（堺市博物館蔵。以下本館蔵とする。）などの鳥瞰図をもとに、大和川付け替え後の堺周辺の景観を紹介した。「新大和川の支配」では、当館蔵の大和川筋図巻を最初から最後まで広げて展示した。この資料は全長七メートル余りにも及ぶ川筋絵巻であり、大和川の上流から下流までの堤の状況、樋の状況のすべてを細かく書いている。図巻の全容を観たいとの研究者、市民の希望に応える展示であった。また、大和川沿村支配絵図（堺市立中央図書館蔵。以下図書館蔵。）や堺奉行御役所之絵図（図書館蔵）などを展示した。「堺と大坂をつないだ大和橋」では、分断された地域に架けられた大和橋を取り上げた。大和橋をわたる大名行列を描いた紀州藩参勤交代行列図巻（本館蔵）や堺大和橋絵図（図書館蔵）などを展示した。橋の改築工事に際して旧材を転用して製作した丸盆（本館蔵）も展示した。「新大和川が生んだ新田と新地」では天保堺絵図（本館蔵）、堺湊土砂埋没状況図（図書館蔵）、堺浦波戸再掘絵図（図書館蔵）などをもとに、新大和川が運んだ土砂が港を埋めると同時に、新たな土地や田畑を生み出したことを展示資料を通して示した。また、大和川の中洲が常に浚渫の対象となっていたことを示す大和川寄洲取払図（図書館蔵）を展示した。「新大和川が分断した地域」では、付け替え後に製作された地域図である摂津一宮住吉神社境内領地絵図面抄写（図書館蔵）や遠里小野大絵図（図書館蔵）を展示した。資料をもとに新大和川の付け替えが、中世以来の景観を大きく変えたことや一つの村を分断したことを明らかにした。

本展示では未公開資料の公開や部分展示に止まっていた資料の全容を公開することにつとめ、大和川資料の市民への提示に心がけた。収蔵品を活用して新たな成果を出すことを念頭において展示構成をした。

一二月一二日には村田路人大阪大学教授と本館学芸員矢内一磨による講演会を、一二月五日、一月一六日、三〇日には展示品解説をおこなった。

## 大和川の資料紹介

ここでは、堺市博物館蔵の新大和川に関する地域資料を紹介する。

**大和川舟運図**　一幅　一三九・六×五七・五センチ

付け替え地点の柏原より上流の大和川筋を描いた川筋絵図である。奈良盆地に広がる大和川の様子を知ることができる。舟運の経路や船役所の存在などを描いており、江戸時代における大和川での河川輸送の状況を描いた図巻は他に類がなく貴重な資料である。

**大和川筋図巻**　一巻　二六・四×七二六・二センチ

立野村（現在の奈良県三郷町立野北・立野南）から堺町北部までの大和川と新大和川流域を描いた川筋図巻である。六五七筆もの記載を持つ詳細な図巻で、記載から、一八世紀後半の明和七年（一七七〇）以降の状況を描いた図巻と推定できる。河川湖沼・井路は水色に、村・流作地は黄色に、国役普請樋は黒色に、自普請樋は緑色に着彩されている。新大和川の流域全体を描いた図巻は他に類がなく貴重である。

**大和川鉄橋架設記念木製盆**　一点　高六×径三二・五センチ

大正五年（一九一六）、木造の大和橋を鉄橋に架け替えた記念に旧橋の柱の廃材を利用して製作した丸盆である。

木造の橋は傷みが激しく、大正二～三年（一九一三～一九一四）ころに大阪府議会に鉄橋改築の議が起こった。その後、大阪府は橋の改築に着手し、大正五年五月一五日に鉄橋が竣工した。鉄橋製作は大和橋のすぐ南にあった七道東町の梅鉢鉄工所がおこなった。

**紀州藩参勤交代行列図**　二巻　上巻二八×八五四・三センチ、下巻二八×八六〇・七センチ

紀州徳川家の参勤交代の帰藩行列を描いた資料で、戯画的な描き方や住吉社頭の遠近法的描き方からみて、江戸時代後期の作と思われる。大和橋を渡る紀州藩の行列が描かれており、大和橋がどのように利用されていたのかを物語る資料として興味深いといえる。

## 常設展を通じての新大和川の学習のために―常設展　堺の産業・文化―

当館では常設展を通して、自由都市堺の歴史と文化を紹介している。新大和川については、「堺の産業・文化」のうち、天領の模索のコーナーで資料を展示している。

近世に入り堺は江戸幕府が堺奉行所を設置、重要な天領と位置づけて直轄都市として支配をする。ところが、隣接する巨大都市大坂の著しい経済的発展に伴って、経済都市としての重要性は、すでに江戸時代前期から次第に低下していく。新興の巨大都市大坂の隣で、室町時代以来の伝統を担いながら江戸時代における自らの役割を模索した都市という状況であった。

そして、宝永元年（一七〇四）に大和川が堺の北に隣接して付け替えられると、大和川が上流から運ぶ土砂が堺の港を埋める働きをしたため、港湾機能は大きく損なわれてしまう。このため、江戸時代前期からの堺の経済的発展の停滞は、一段と加速する。また、新大和川の増水がもたらした水害は、しばしば堺の町を苦しめた。

しかしながら、堺の町の人々は、新大和川によって不利益を蒙ったばかりではなかった。河口近くに堆積した土砂によって形成された土地を利用し、長い年月をかけて南嶋、弥三次郎、山本、松屋、平田、塩浜、若松などの複数の新田を開発していった。これらの新田は、現在の堺区三宝町域の原型となった。

また、安永七年（一七七八）～文化七年（一八一〇）にかけての江戸の商人吉川俵右衛門を中心とした堺港の修築工事などで、現在の旧堺港の南港湾の原型ができあがった。その後も土砂流入は止まらなかったが、新大和川が運んだ土砂を利用して新地を造成してそこに茶屋や人工の山（天保山・御影山）をつくり名所とするなど、堺の町は新たにやってきた大和川と共存するために、さまざまな工夫を凝らしたといってもいい。また、近代以降の工業都市化に際して、大和川のもたらした豊富な水が不可欠であったことも忘れてはならない。

当館では常設展のなかで、観覧者のみなさまの多様な興味に応じ、常設展の内容をさらに掘り下げて展示するスポット展示をしている。スポット展示は、遺跡に関するもの、美術工芸に関するもの、歴史に関するものなどさまざまなテーマを選んでいる。とくに、堺市内の小学四年生が社会科で大和川について学習をする二学期以降にあわせて、大和川をテーマにしたスポット展示「新大和川」を毎年開催している。常設展　堺の産業・文化と併せて見学していただければ、より学習の効果が期待できる。

小学校の校外団体学習の一環に博物館見学を組み込んでいただき、「オリエンテーション」として大和川に関する解説を予約希望していただければ、学芸員による解説をする。詳しくは、利用案内の学校・団体の利用案内を参照。

## 利用案内

堺市博物館は市制九〇周年記念事業の一環として昭和五五年に、大仙公園に開館しました。生涯学習と市民文化の向上のため、堺市の歴史、美術、考古、民俗に関する博物館として、多くの資料を収集、保存、展示しています。古代史のロマンを秘めた百舌鳥古墳群のほぼ中心にあります。同じ公園内には、広大で緑豊かな中に、博物館、堺市茶室、中央図書館、自転車博物館、日本庭園、都市緑化センターなどが整備されています。

**展示内容**

常設展示「仁徳陵と自由都市」、年四回程度の企画展を開催。また、年一〜二回の特別展を開催。

開館時間　午前九時三〇分〜午後五時一五分（入館は午後四時三〇分まで）

観覧料　一般　二〇〇円（一六〇円）
　　高大生　一〇〇円（七〇円）
　　小中学生　五〇円（三〇円）

※（ ）は二〇名以上の団体料金です。市内在住・在学の小・中学生は無料です。

※障害者の方、六五歳以上の方は無料です。（証明書等をご提示下さい）

※特別展の際には観覧料が変更されます。

休館日　月曜日（祝・休日の場合は開館）、祝休日の翌日（土・日の場合は開館）、年末年始

交　通　ＪＲ西日本阪和線・関西空港線「百舌鳥」駅下車徒歩六分
　　南海バス「堺市博物館前」下車徒歩四分

所在地　大阪府堺市堺区百舌鳥夕雲町二丁　大仙公園内

電　話　〇七二―二四五―六二〇一

ＦＡＸ　〇七二―二四五―六二六三

ホームページ　http://www.city.sakai.osaka.jp/hakubutu/

**学校・団体の利用案内**　お問い合わせは、博物館総務課まで。

二〇名以上の学校単位、クラス単位、グループ単位での団体見学を対象に、展示解説を行なっております。ぜひご利用ください。事前予約制、解説は約二〇～四〇分です。（予約状況により、ご希望に添えない場合もあります。ご了承ください。）

**1、小・中学校の利用**

団体申込書・入館申込書を、ホームページからダウンロード、もしくは、博物館へご連絡の上、ファクシミリなどでご入手いただき、ファクシミリ・郵送で博物館総務課までお送りください。入館申込書に「オリエンテーション」の欄がありますので、解説を希望される場合は、必ずお書きください。

堺市内の小・中学校の団体利用については、入館料が全額免除になりますので、減免申請書をダウンロードあるいは、博物館総務課まで請求してください（特別展期間中は有料になることがあります）。各種ワークシートも用意してあります。事前に博物館と打ち合わせされることをおすすめします。

なお、堺市在住・在学の小中学生については、個人で利用される場合も、特別展期間中以外は入館料免除になっております。

**2、団体の利用**

二〇名以上の団体で利用される場合は、団体申込書をホームページからダウンロード、もしくは、博物館へご連絡の上、ファクシミリなどでご入手いただきファクシミリ・郵送で博物館総務課までお送りください。展示解説を希望される場合は、備考欄に「展示解説希望」とお書きください（予約状況により、ご希望に添えない場合もあります。ご了承ください）。

福祉施設・老人クラブなどで観覧料を免除できる場合もあります。こちらから、ご確認のお電話を差し上げる場合もありますので、連絡先には出来るだけ日中、ご連絡のつく電話番号をお書き添えください。

（矢内一磨）

# 大和川付け替えの歴史ゆかりの地を歩く

**①築留《つきどめ》**

旧大和川に大きな堤防を築いて、大和川が付け替えられた地点です。現在は、一部が治水記念公園として整備され、現地に立つと旧大和川の流路がよくわかります。堤防下には、レンガ積みの二番樋があり、国の登録文化財になっています。

柏原市上市二丁目

近鉄大阪線安堂駅から西へ二〇〇メートル、近鉄道明寺線柏原南口駅から東へ二〇〇メートル

**②三田家住宅**

柏原船の営業に中心的に関わった三田家の住宅です。奈良街道に面し、明和五年（一七六八）に建設され、重要文化財に指定されています。家の裏には、柏原船の終着点であった船だまり跡があります。

柏原市今町一丁目

ＪＲ大和路線柏原駅から北西へ五〇〇メートル

**③寺田家住宅**

三田家と同様に柏原船の営業に関わった寺田家の住宅です。江戸時代後期の建物で、奈良街道をはさんで三田家の向かいに建っており、登録文化財になっています。

柏原市今町二丁目

築留

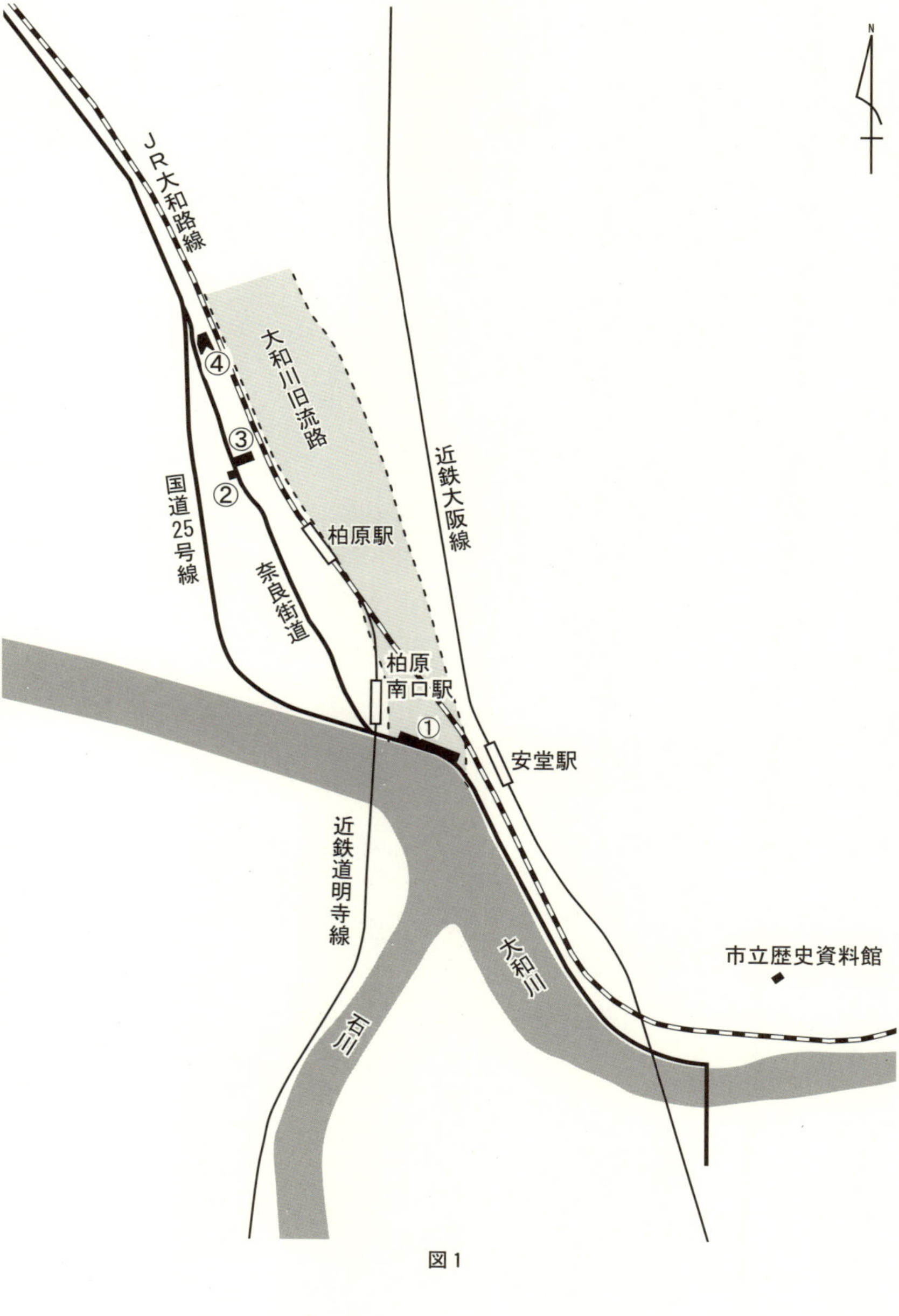
JR大和路線
大和川旧流路
④
③
②
①
国道25号線
奈良街道
柏原駅
近鉄大阪線
柏原南口駅
安堂駅
近鉄道明寺線
大和川
市立歴史資料館
石川

図1

ＪＲ大和路線柏原駅から北西へ五〇〇メートル

④**今町墓地**

旧大和川の左岸堤防が、墓地となって残っています。周辺よりも、四メートル近く高くなっています。

柏原市今町二丁目

ＪＲ大和路線柏原駅から北西へ九〇〇メートル

⑤**二俣**

旧大和川が柏原市築留から北上して玉串川、長瀬川に分水する地点にあたります。休憩所が設けられ、見学できるようになっています。玉串川沿いは八尾市域内にたくさんの桜が植えられており、花見の名所となっています。

八尾市二俣一丁目

ＪＲ志紀駅から南東へ三〇〇メートル

⑥**旧大和川堤防**（都留美嶋神社）

都留美嶋神社は、八尾市二俣から北へ行ったところにあります。境内自体が旧大和川堤防上にあります。

八尾市都塚三丁目

近鉄恩智駅から南西へ六〇〇メートル

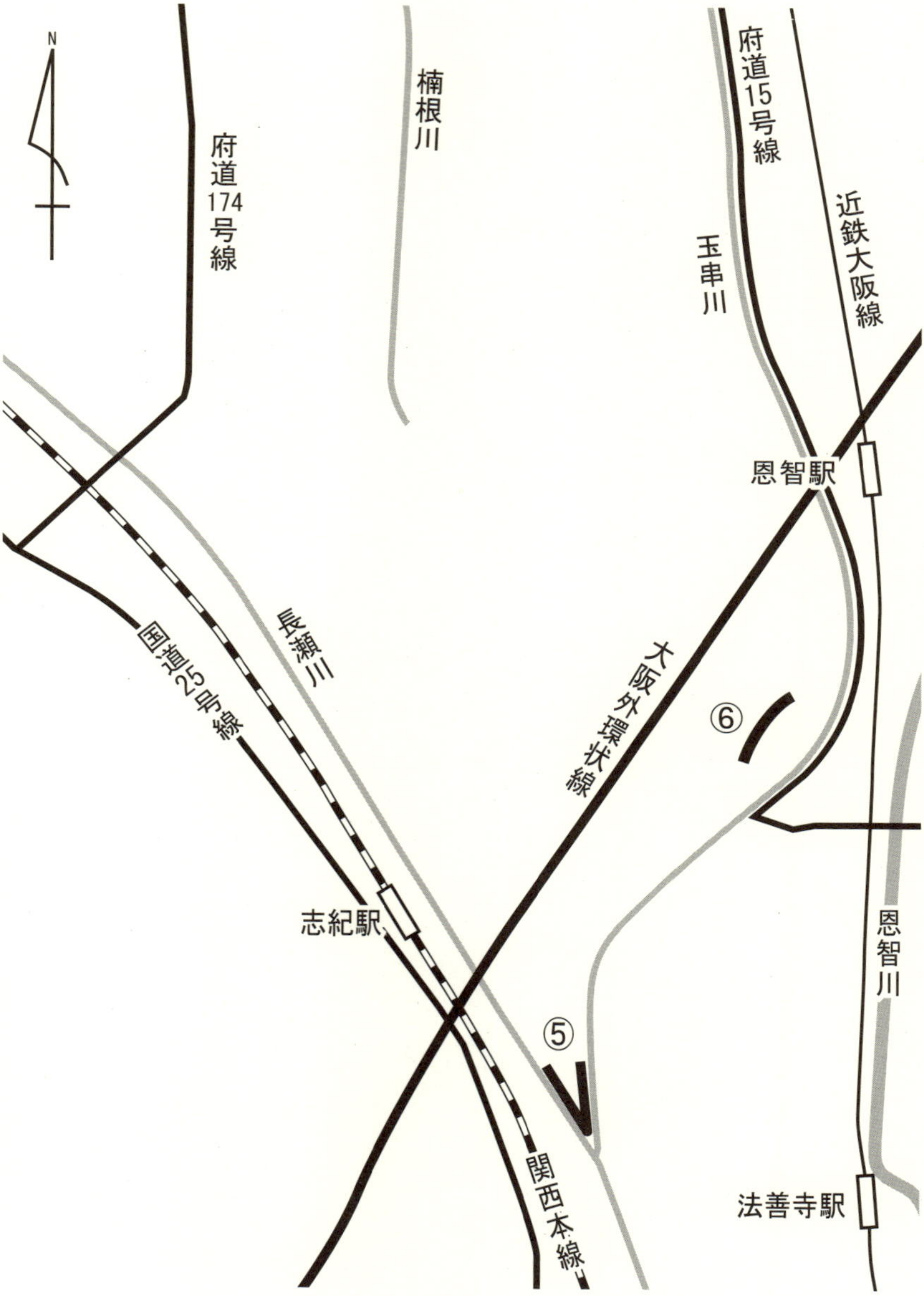
N
府道174号線
楠根川
府道15号線
玉串川
近鉄大阪線
恩智駅
長瀬川
国道25号線
大阪外環状線
⑥
⑤
志紀駅
関西本線
恩智川
法善寺駅

図２

⑦**安中新田会所跡**（旧植田邸）

大和川付替え後につくられた新田を管理するためにつくられた会所屋敷です。安中新田は柏原市玉手山安福寺などが出資して作られた新田で、一般的な新田会所の規模がわかります。安中新田会所跡は、平成一七年に八尾市に寄贈され、平成二〇年に一般公開される予定です。

八尾市植松町三丁目

ＪＲ八尾駅から南東へ二〇〇メートル

⑧**八尾浜・久宝寺船着場**

江戸時代から中河内の経済の中心は、八尾寺内町、久宝寺寺内町にありました。両寺内町は、ともに長瀬川水運を利用し、この場所が荷物の荷揚げをする場所でした。

八尾市東久宝寺町一丁目・末広町一丁目

近鉄八尾駅から西へ八〇〇メートル

**安中新田会所跡（旧植田邸）**

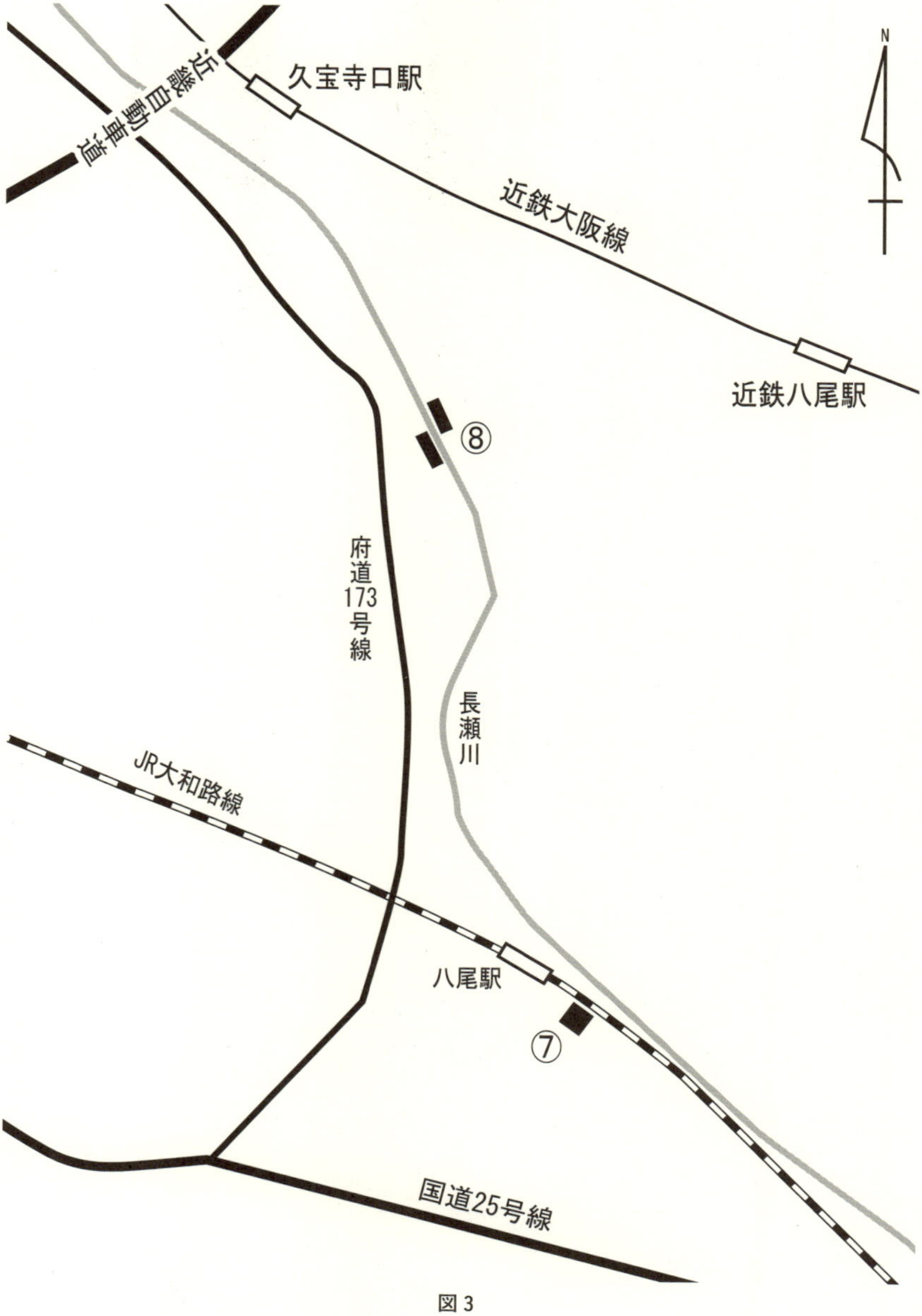


図3

**⑨山本新田会所碑**

山本新田は、八尾市内で最も大きな新田で、山中庄兵衛・本山重英が開発したことから両名の名を取って付けられました。後に大阪の住友氏が所有することになり、昭和一五年まで住友所有地でした。会所跡は、市に寄贈され、現在山本図書館となっています。

八尾市東山本町一丁目

近鉄大阪線河内山本駅から東へ三〇〇メートル

**⑩旧大和川堤防跡**（御野県主神社）

御野県主神社は、古代豪族三野県主の祖神を祭っています。境内西端は、旧大和川、現在の玉串川東岸にあたり、堤防跡がよく残っています。

八尾市上之島町南一丁目

近鉄大阪線河内山本駅から北へ八〇〇メートル

図4

⑪藤五郎樋

旧新開池の南東隅にあたり、周辺からの井路はここに合流していました。各井路の水位には高低差があるため、そこを航行する舟は、この樋門で水位調整を受けました。ここから六郷井路を経て徳庵・天満までの乗合舟の定期便も運行されていました。

東大阪市古箕輪一丁目

近鉄けいはんな線吉田駅から北西へ一〇〇〇メートル

⑫川中邸

今米村の庄屋を務めた川中家の邸宅です。同家には、新旧大和川流域を描いた「河内扇」、中甚兵衛・万年長十郎らを描いた「大和川付替成就御礼之図」が伝わっています。昭和五九年に緑地保全地区、平成一八年に国登録文化財に指定されています。なお、建物は非公開です。

東大阪市今米一丁目

近鉄けいはんな線吉田駅から北東へ二〇〇メートル

⑬鴻池新田会所

三代目鴻池善右衛門宗利が新田経営施設として建設し、宝永四年（一七〇七）六月二八日に概ね竣工しました。周濠に囲まれた一六、三〇〇平方メートルの敷地には本屋、蔵、長屋門、神社などの建物が配置され、昭和二五年まで新田経営施設として機能していました。昭和五一年に国史跡、同五五年に重要文化財に指定されています。

東大阪市鴻池元町

ＪＲ学研都市線鴻池新田駅から南東へ二五〇メートル

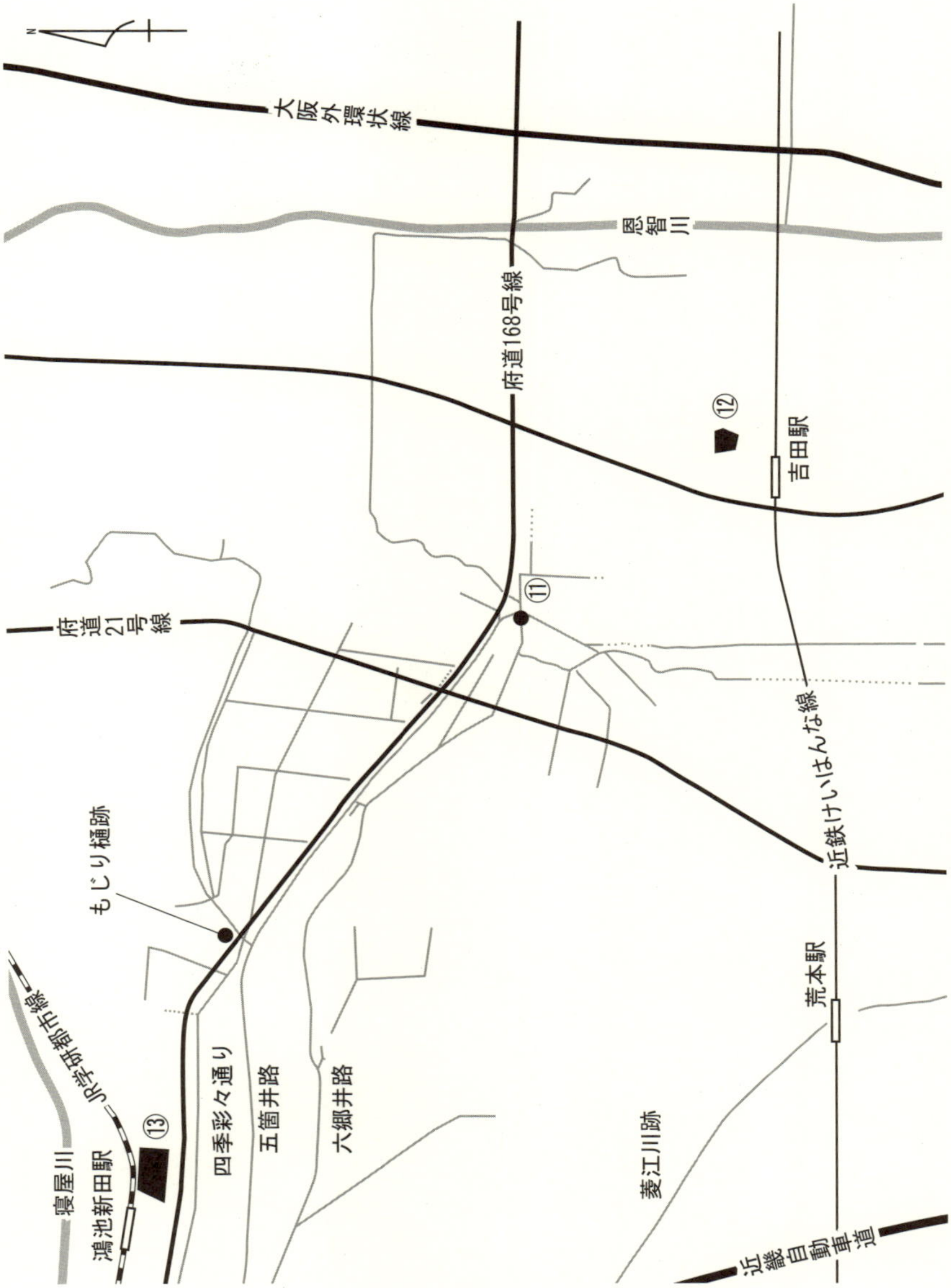
N
大阪外環状線
恩智川
府道168号線
⑫
吉田駅
⑪
府道21号線
近鉄けいはんな線
もじり樋跡
荒本駅
JR学研都市線
⑬
寝屋川
鴻池新田駅
四季彩々通り
五箇井路
六郷井路
菱江川跡
近畿自動車道

図5

**樋門一覧表**

| 番号 | 名　称 | 場　所 | 刻年号 | 西暦 |
|---|---|---|---|---|
| ⑭ | 落合橋下伏せ越し樋 | 大東市元町二丁目 | 安政三丙辰三月 | 一八五六年 |
| ⑮ | 南新田公民館前の樋門 | 南新田一丁目 | 弘化五申年 | 一八四八年 |
| ⑯ | 通称「三反物の樋」 | 平野屋一丁目 | 弘化二巳年 | 一八四五年 |
| ⑰ | 通称「どんばの伏せ越し樋」 | 平野屋一丁目 | — | 年号不詳 |
| ⑱ | 通称「かみなり樋門」 | 深野南町 | 嘉永四亥年 | 一八五一年 |
| ⑲ | 谷川二丁目所在の樋門 | 谷川一丁目 | 安政六未年四月 | 一八五九年 |
| ⑳ | 谷川公民館所在の樋門笠石 | 谷川一丁目 | 嘉永四亥年 | 一八五一年 |

樋門⑮

**㉑平野屋新田会所跡**

東本願寺難波別院講員により開発された深野新田（深野北新田・深野中新田・深野南新田）のうち、深野南新田は、宝永六年（一七〇九）には、平野屋又右衛門の所有になり、南に接する河内屋南新田とともに、両新田の管理施設として建てられたもので、享保一三年（一七二八）にはその存在が確認できます。助松屋忠兵衛、天王寺屋八重を経て文政七年（一八二四）銭屋（高松）長左衛門の所有となり、現在も、東西約九〇メートル、南北約六〇メートルの屋敷地と建物、東側に隣接して、座間神社が残っています。

大東市平野屋一丁目

JR学研都市線住道駅から東へ一三〇〇メートル

## ㉒深野新田会所跡

深野新田は、享保六年の再検地により三新田（深野北新田・深野中新田・深野南新田）に分けられました。深野新田会所から引き続き、深野中新田の会所となったもので、その際に、建て替えられたものです。屋敷地と建物は、昭和二三年頃まで残っていましたが、現在その跡地には鎮守皇極神社が建っています。屋敷地の規模は南北八五メートル、東西五五メートルと推定されています。

平野屋新田会所跡

大東市深野一丁目

JR学研都市線住道駅から北へ八〇〇メートル

## ㉓龗《おかみ》神社

深野池の旧の西側堤防上、御領村落への入口ともいえる場所にあります。「龗」という複雑な字を使用していますが、解体すると、「雨」と「龍」に分けることができ、雲を呼び雨を降らせる龍を表わしているとされています。水に関係する神を祀るものとされ、農耕に深く関連するものと解するのが妥当ともいえますが、堤防上に建てられていることから、堤防決壊から村を守るため、池の水を鎮める意味もこめられていたのではないかと推測されます。

大東市御領一丁目

JR学研都市線住道駅から北へ一四〇〇メートル

**㉔京橋**（大阪市中央区・都島区）

旧大和川（現在の寝屋川）が大川（淀川）と合流する直前に架かるのが京橋です。大坂城の北の出口である京橋口を出たところにあり、京街道がそこから延びています。江戸時代の大坂では数少ない幕府が管理する公儀橋の一つでした。合流地点の様子も時代とともに変化していますが、旧大和川の流れを偲ぶことのできる場所の一つです。

大阪市中央区

大阪市営地下鉄谷町線・京阪電車天満橋駅からすぐ

**㉕西除川付け替え地点**

新大和川ともとの西除川流路がぶつかる地点では、新大和川の方が土地が高く西除川の水をそのまま大和川に落とすことができませんでした。そのためこの地点から西除川を大和川下流の方向に付け替えて浅香山付近で合流させました。

松原市天美六丁目

近鉄南大阪線河内天美駅から西へ三〇〇メートル

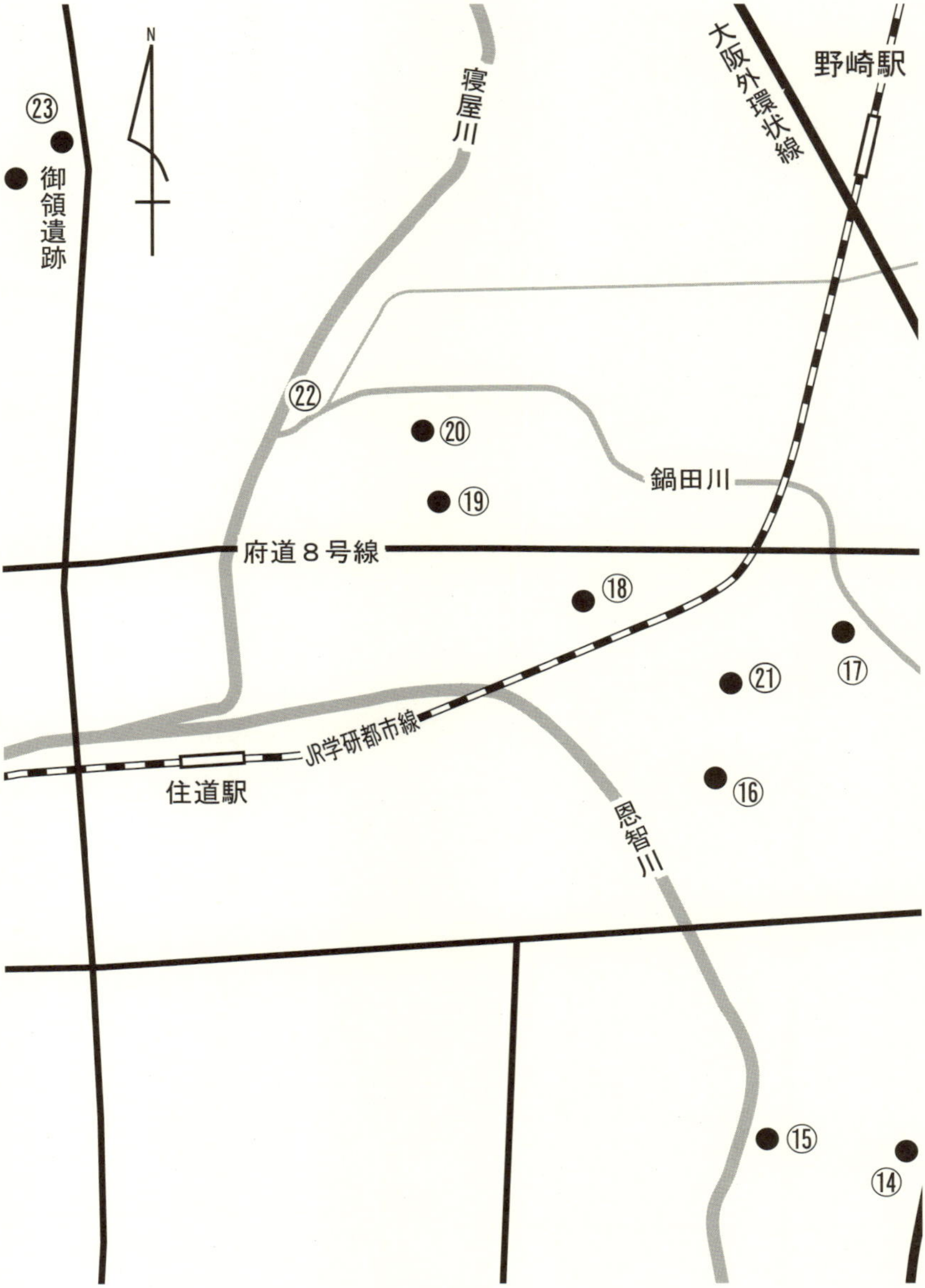
N
㉓
御領遺跡
寝屋川
大阪外環状線
野崎駅
㉒
⑳
⑲
鍋田川
府道８号線
⑱
⑰
㉑
JR学研都市線
住道駅
⑯
恩智川
⑮
⑭

図６

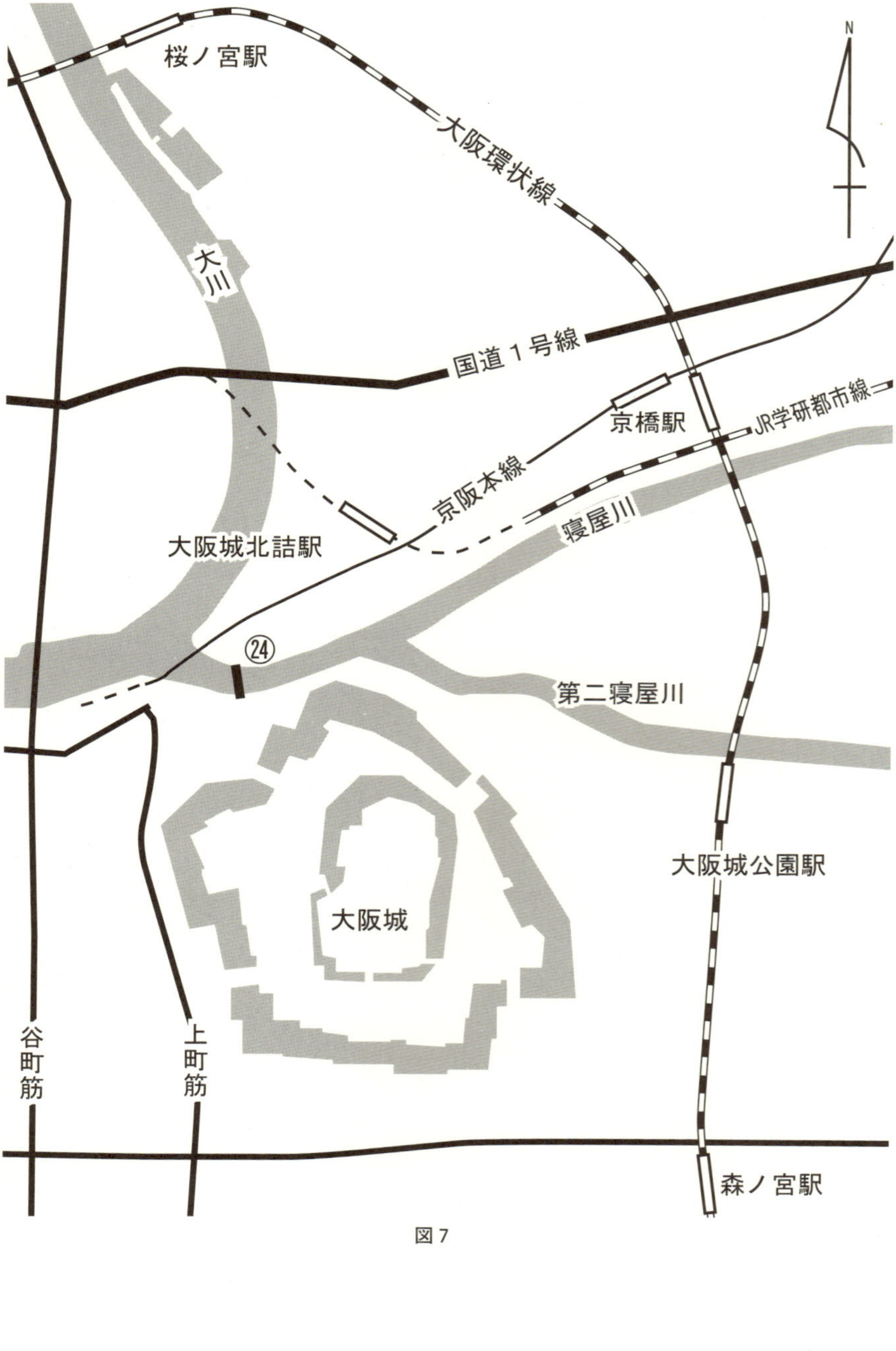
N
桜ノ宮駅
大阪環状線
大川
国道１号線
京橋駅
JR学研都市線
京阪本線
寝屋川
大阪城北詰駅
㉔
第二寝屋川
大阪城公園駅
大阪城
谷町筋
上町筋
森ノ宮駅

図７

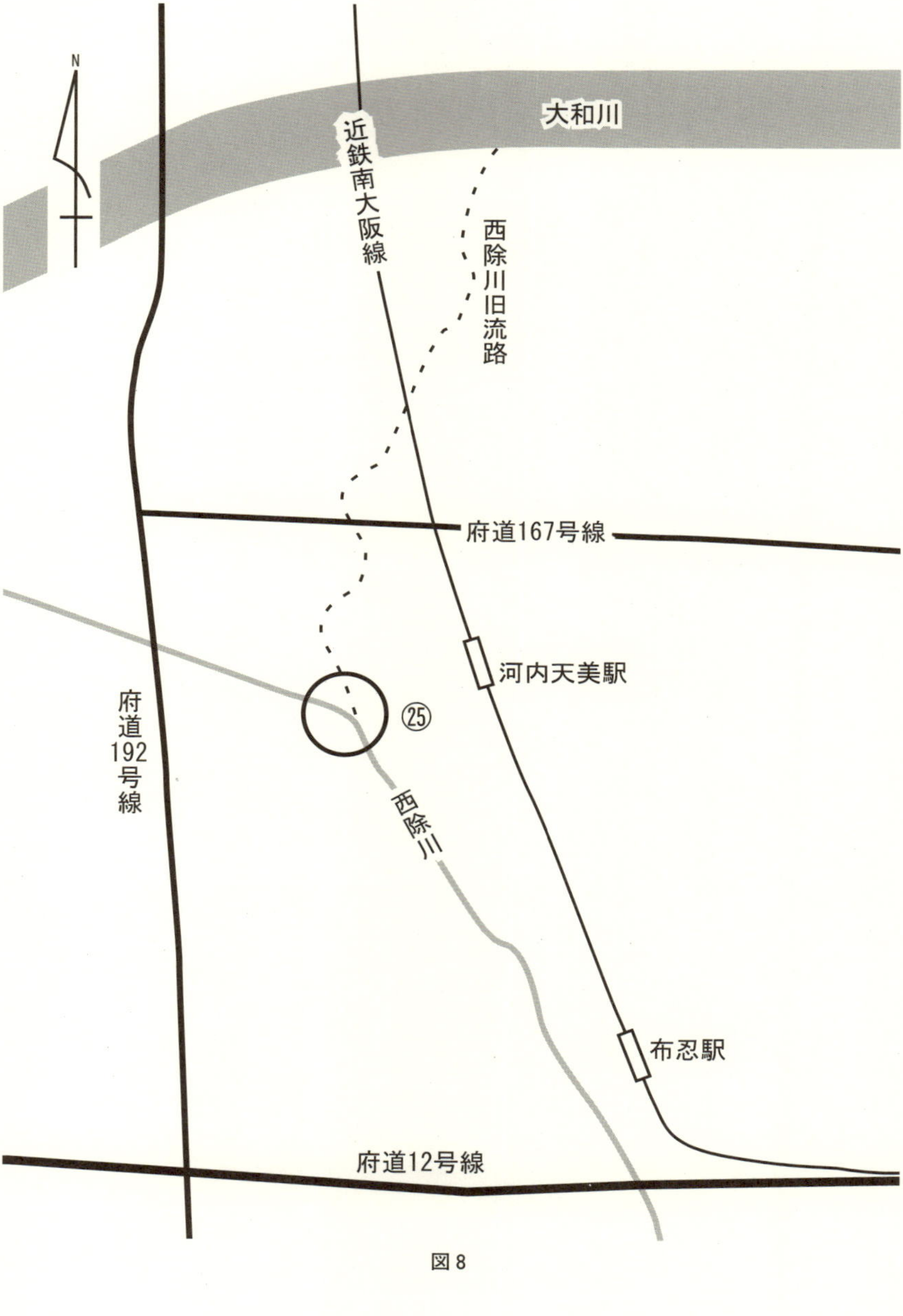


図 8

㉖依網池跡

依網池は『古事記』・『日本書紀』にも記載された、狭山池と並んで日本でも古いため池のひとつです。近世前期には水深は浅かったものの、面積は狭山池より広い、狭山池の水を受ける子池のひとつでした。新大和川の流路が池の中央を通ったため、付け替え後、池の面積は半分以下になり、貯水量も減少していきました。そのため、少しずつ埋め立てられて、現在は全く残っていません。「依網池跡」の石碑のみが、かつてそこに池があったことを示しています。

大阪市住吉区庭井一丁目
大阪市営地下鉄御堂筋線あびこ駅から東南へ六〇〇メートル

㉗浅香山稲荷神社

大和川付け替え工事のとき、この地にあった「狐塚」の周りでたたりがあったとして恐れられ改修工事がされました。そのため、塚をよけて千両曲がりといわれるカーブがついて、川筋が付けられました。

堺市北区東浅香山町二丁
ＪＲ阪和線浅香駅から東南へ二〇〇メートル

浅香山稲荷神社

図9

**㉘月洲神社**

『堺市史』では享保一五年（一七三〇）九月に開発者土橋弥五郎が勧請した神社とし、社伝では元文二年（一七三七）九月に大神などを勧請して成立したとされます。

堺市堺区南島町二丁

南海本線七道駅から北東へ三〇〇メートル

**㉙田守神社**

延享二年（一七四五）松屋新田の開発者松屋作右衛門が勧請した神社です。

堺市堺区松屋町二丁

南海本線七道駅から北東へ一一〇〇メートル

**㉚加賀屋新田会所跡**

新大和川の河口部に開発された代表的な新田に加賀屋新田があります。大坂の商人加賀屋人兵衛の開発によるもので、住之江区の大部分を占めています。現在は書院や鳳鳴亭などの座敷分と庭園がのこっており、一般にも公開されていますので、当時の様子を偲ぶことができます。大阪市指定文化財。

大阪市住之江区南加賀屋四丁目

大阪市営地下鉄四ツ橋線・ニュートラム住之江公園駅から南東へ七〇〇メートル

月洲神社

田守神社

加賀屋新田会所跡

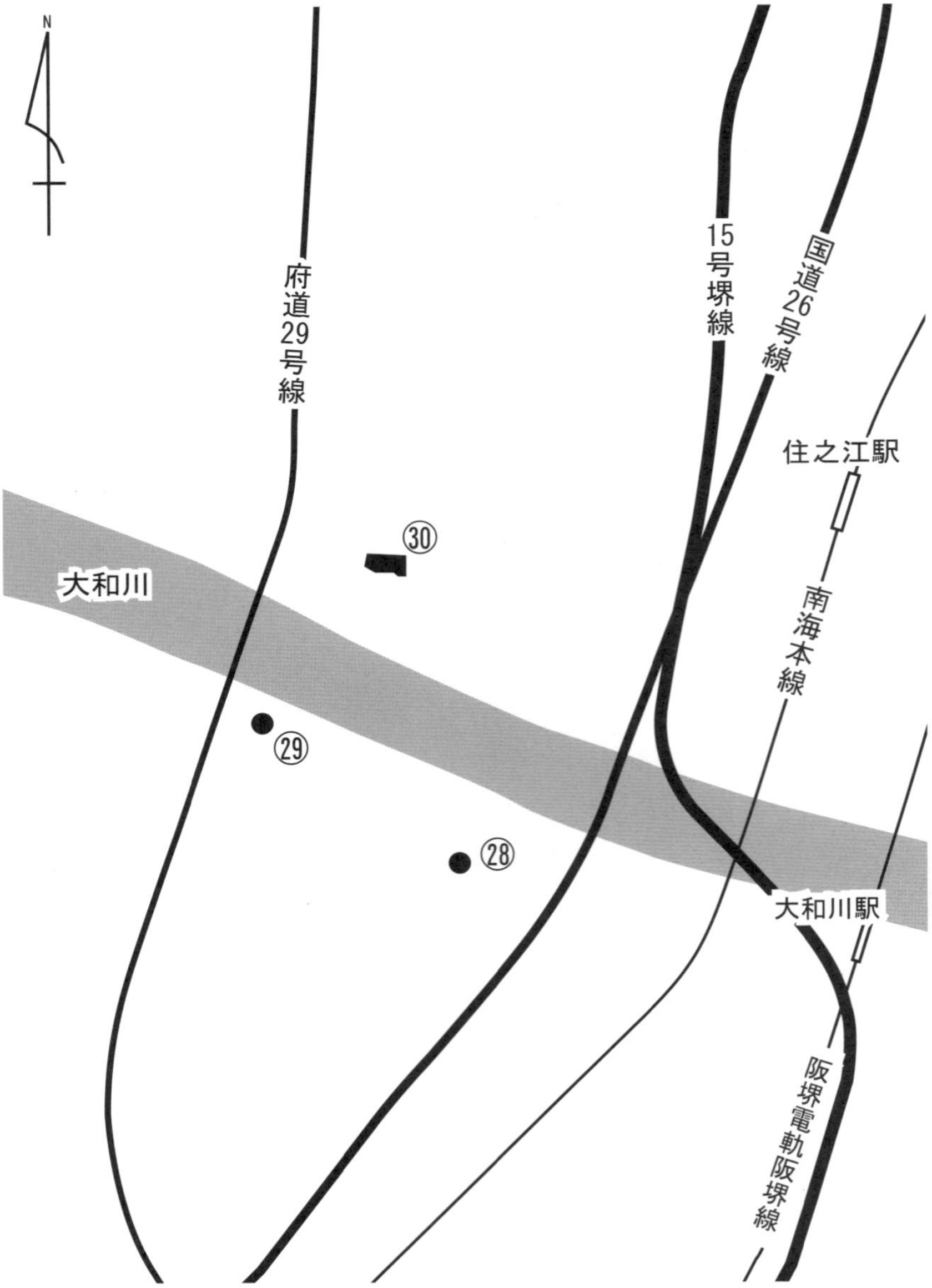
N
府道29号線
15号堺線
国道26号線
住之江駅
南海本線
大和川
㉚
㉙
㉘
大和川駅
阪堺電軌阪堺線

図10

**㉛海とのふれあい広場**

大和川の河口です。大和川が海に注ぐ様子をみることができます。

利用時間　午前九時から午後五時

（夏休み期間のうち土曜・日曜・祝日に限り午前九時から午後七時）

休園期間　一二月二九日～一月四日

問い合わせ先　堺市役所臨海調整担当　〇七二―二二八―八三二五

堺市堺区築港八幡町

海とのふれあい広場

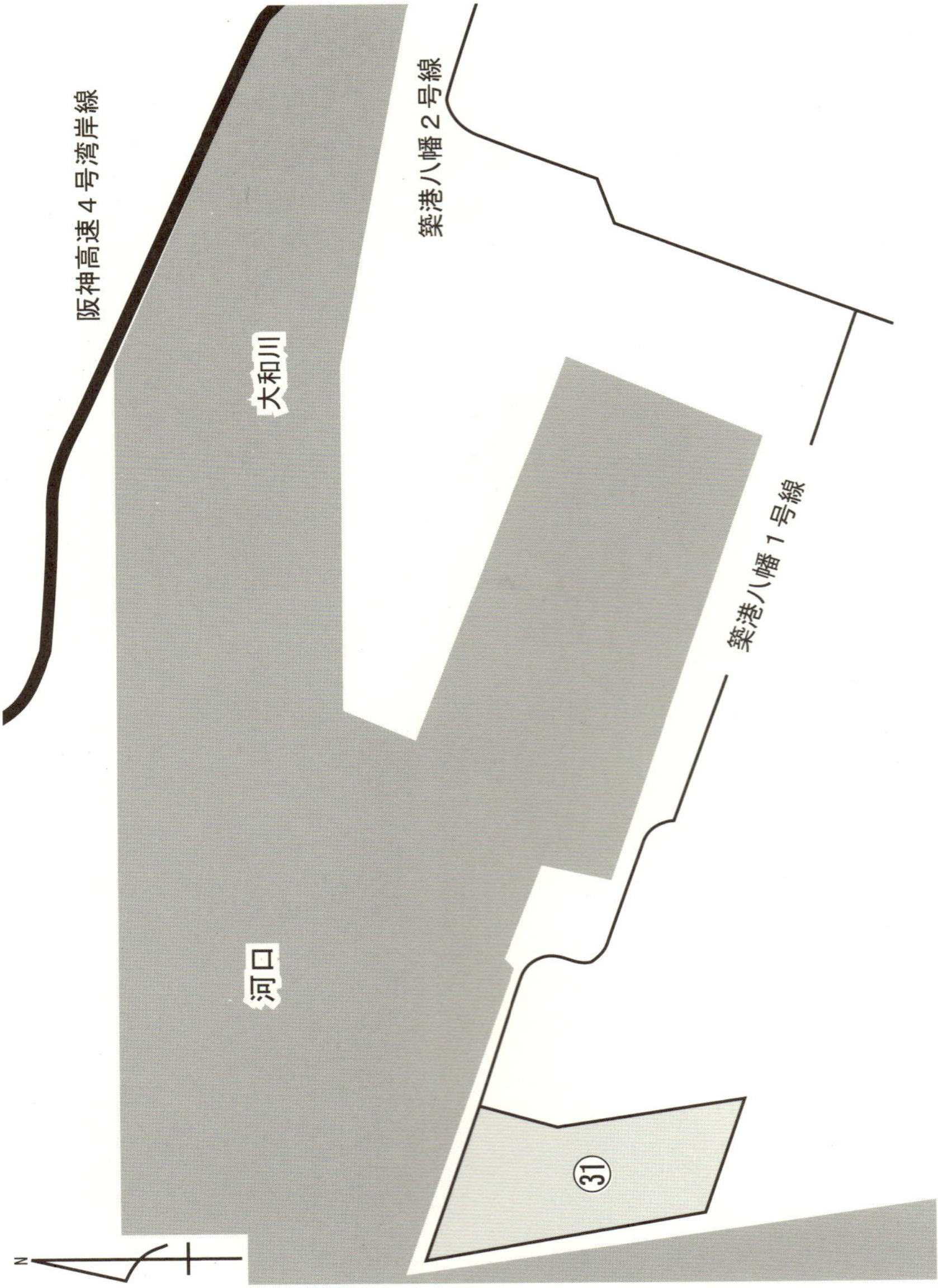
阪神高速４号湾岸線
築港八幡２号線
大和川
築港八幡１号線
河口
㉛
N

図11

# おわりに

大和川付け替え三〇〇年を記念して、新旧の大和川水系にある七つの博物館がネットワークを結成し、各館がそれぞれの地域、観点から展示を行ない、今回の記念シンポジウムを開催できたことはたいへん有意義なことであった。シンポジウムでは、たくさんの市民の方々が参加され、また、研究者の方々には付け替えにかかわる新しい研究成果を発表していただき、各館の観点から熱心に討論がおこなわれた。それらの成果を一書にまとめることができ、広く共有できることを、関係各位とともに喜びたい。本書がこれからの大和川の歴史について学ぼうという方の基本文献となり、学習の場で活用されていくことを切に願うものである。

大和川の付け替えについては、各館の展示やシンポジウムでいろいろな成果が出されているので、屋上屋を架すことはしないが、二、三の感想を述べさせていただきたい。

一つは、大坂との関係についてである。私は、本願寺もあるが、やはり豊臣秀吉が大坂を開いたと思う。その際、上町台地を中心に開発が進んでいった。したがって大坂城は台地の北の端にできて、天王寺や堺のほうに南へずっと開かれていったのである。その後は船場を開発するにしても、特に上町台地の東を開発するにしても、これは水を治めないとできない、そういう場所であった。その意味でこの大和川の付け替えも、非常に大坂の発展にとって大事なことであるということが、今回再確認できたと思う。

また、大坂の周辺地域の豊かさということである。この場合の豊かさというのは単に経済的に豊かだということだけではなくて、広い意味での文化的な豊かさをふくめてのことである。そういう文化的な豊かさを、シンポジウムなどを通じて改めて感じた次第である。

今回の大和川水系ネットワークの取り組みは、大和川の付け替えに関する研究や資料の発掘を進めたことのみならず、地域博物館の連携の一つの試みとしても非常に意義深いものであったことを改めて明記しておきたい。

最後になったが、展示をご覧いただき、シンポジウムにご参加いただいた市民の方々をはじめ、各館の展示やシンポジウムにご協力いただいた方、携わった方々に敬意を表するとともに、改めて御礼申し上げる次第である。また、シンポジウムでは会場として大阪歴史博物館を使って頂いたということに御礼を申し上げたい。当館は立地がよいので、またこのような形で活用していただければ幸いである。

大阪歴史博物館館長　脇田　修

# あとがき

大和川水系ミュージアムネットワークでは、平成一六年（二〇〇四）の大和川付け替え三〇〇年を記念して、各館で大和川付け替えに関する展示をおこない、同年一一月一四日にはシンポジウムを開催した。シンポジウム開催直後から、このシンポジウムの内容を出版することができないかと様々な方法を検討したが、すぐには実現できなかった。しかし二〇〇六年初旬に、大阪府立狭山池博物館工楽善通館長より雄山閣へ出版を依頼したところ、ご快諾をいただき本書の出版となった。

本書の第Ⅰ部はシンポジウム当日の報告とパネルディスカッションを収めたものであるが、シンポジウム開催から日を経てからの出版となったため、各論文はその後の研究成果をふまえた内容となったことをお断りしておきたい。シンポジウム開催から本日まで、様々な方々にご協力いただいた。本書に原稿をいただいた中九兵衛氏・村田路人氏のほかに、岩城卓二氏（当時大阪教育大学助教授・現京都大学人文科学研究所准教授）には、パネルディスカッションの司会を務めていただいた。三氏には準備段階から内容検討に加わっていただき、ご助言・ご助力をいただいた。また、井上伸一氏（鴻池新田会所）には、東大阪市内の史跡紹介をご執筆いただいた。

大和川水系ミュージアムネットワーク参加各館からは原稿執筆者のほかに、大澤研一氏（大阪歴史博物館）・中遶健一氏（大東市教育委員会）・馬場英明氏（当時大阪府立狭山池博物館）に準備・広報・当日の運営などにご参加いただいた。中でも大澤氏にはシンポジウム当日のパネルディスカッションの司会、本書のパネルディスカッションの要約作業をご担当いただいた。ご協力いただきました皆様に、末筆ながら御礼申し上げます。

（吉川邦子）

## 執筆者一覧

**村田　路人**

一九五五年　大阪府生まれ

一九七七年　大阪大学文学部史学科卒業

一九八一年　大阪大学大学院文学研究科博士後期課程中退

現　在　　大阪大学大学院文学研究科教授

主要著書論文

『近世広域支配の研究』（大阪大学出版会、一九九五年）

『江戸時代人づくり風土記　27・49大阪』（共編著、藤本篤監修、農山漁村文化協会、二〇〇〇年）

「幕府上方支配機構の再編」（大石学編『日本の時代史16　享保改革と社会変容』吉川弘文館、二〇〇三年）

『街道の日本史33　大坂―摂津・河内・和泉―』（共編著、吉川弘文館、二〇〇六年）

**中　九兵衛**（本名　中好幸）

一九四二年　大阪府生まれ

京都府立大学卒業

会社勤めの傍ら、所蔵文書をはじめ、大和川付け替えと新田開発の研究に取り組む

一九九四年「大和川付け替え運動史の虚構をつく」で第19回郷土史研究賞の特別優秀賞受賞

主な著書

『大和川の付替～改流ノート』（一九九二年）

『甚兵衛と大和川～北から西への改流・三〇〇年』（二〇〇四年）

工楽　善通　一九三九年生　大阪府立狭山池博物館　館長
脇田　修　一九三一年生　大阪歴史博物館　館長
小谷　利明　一九五八年生　八尾市立歴史民俗資料館
市川　秀之　一九六〇年生　滋賀県立大学助教授
八木　滋　一九六九年生　大阪歴史博物館
安村　俊史　一九六〇年生　柏原市立歴史資料館
黒田　淳　一九六〇年生　大東市教育委員会
吉川　邦子　一九六九年生　大阪府立狭山池博物館
西田　敬之　一九七〇年生　松原市民ふるさとぴあプラザ
矢内　一磨　一九六四年生　堺市博物館
（所属は二〇〇七年三月現在）

大和川《やまとがわ》付《つ》け替《か》え300年《ねん》―その歴史と意義を考える―

2007年11月５日　印刷
2007年11月20日　発行

編　者　大和川水系ミュージアムネットワーク

発行者　宮　田　哲　男

発行所　株式会社　雄　山　閣

〒102-0071　東京都千代田区富士見2―6―9
振替00130―5―1685　電話03―3262―3231
FAX 03―3262―6938
印　刷　永和印刷株式会社
製　本　協栄製本株式会社


ISBN978-4-639-02005-9 C1021